数学の問題を
うまく きれいに
解く秘訣

Alfred S. Posamentier, Stephen Krulik 著

桐木 由美 訳

桐木 　紳 監訳

Problem-Solving Strategies in
Mathematics
From Common Approaches to Exemplary Strategies

共立出版

Problem-Solving Strategies in Mathematics:
From Common Approaches to Exemplary Strategies
(『数学の問題を うまく きれいに解く秘訣』)

by Alfred S. Posamentier (アルフレッド・S・ポザメンティア)
and Stephen Krulik (スティーヴン・クルリック)

Copyright © 2015 by World Scientific Publishing Co. Pte. Ltd.

All rights reserved. This book, or parts thereof, may not be reproduced in any form or by any means, electronic or mechanical, including photocopying, recording or any information storage and retrieval system now known or to be invented, without written permission from the Publisher.

Japanese translation arranged with World Scientific Publishing Co. Pte. Ltd., Singapore.

Japanese language edition published by KYORITSU SHUPPAN CO., LTD.

数学における問題解決のテクニックをまとめた本書を未来に生きる人々に捧げる．彼らもまた数学の力と美しさを愛するようになることを願いつつ．

　限りない未来のある我々の子と孫たち，

　リサ，ダニエル，デイヴィッド，ローレン，マックス，サミュエル，ジャックに

　　　　　　　　　　　　　　　　　—アルフレッド・S・ポザメンティア

　ナンシー，ダン，ジェフ，エイミー，イアン，サラ，エミリーに

　　　　　　　　　　　　　　　　　— スティーヴン・クルリック

はじめに

　1980 年代初頭以降，米国の学校数学カリキュラムの主眼は，問題解決，推論および批判的思考に置かれており，世界の大半もこれに追随している．実際，早くも 1977 年には全米数学監督者評議会が「問題解決の力を身につけることこそ数学学習の第一の目的である」と言明していた．そもそも，何かのやり方（代数の解き方とか）を知ったところで，いつ使えばいいのかわからなければ何の役にも立たないだろう．問題解決を巡る動きは勢いを増し，数学学習の大部分に広がるまでになり，ひいては日常生活にまで波及してきた．人は日々解決すべき問題に直面する．それは，今日は何を着ようかといったいたって単純なものから複雑なものまでさまざまだ．例えば通りを横断するというような**単純そう**な問題であっても，車両の通行区分が左右逆になる国に行くと複雑になり，ちゃんと考えなければならなくなることもある．

　さて，問題解決について話を始める前に，まず問題とは何かを定めておこう．問題とは，目の前にある解決すべき状況で，答えに至る道筋がすぐには見えないものをいう．この「答えに至る道筋がすぐには見えない」という部分に注意してもらいたい．何しろ我々の多くが米国の学校で解いていた問題は，「タイプ別に分類されている」ことが多かった．つまり，「年齢に関する問題」を解くにはある手順が，「速さ・時間・距離に関する問題」にはまた別の手順が，「混合物に関する問題」，「液量に関する問題」などにはそれぞれ特定の方法が用いられていた．もっと言えば，型にはまった方法を覚えてしまった後では，こうした問題は問題解決の本当の意味からするともう問題で

vi　　はじめに

すらなかった．問題の種類を認識して，それに合った方法を当てはめて機械的に解いていくだけでよかったのである．

　数学の成果の歴史はブレイクスルーに満ちており，それらは「そんなアプローチは考えてもみなかった」という驚きをしばしばもたらした．今日でも，問題に対して巧みな解法やエレガントな解法が示されると，多くの人は同様の反応を示す．問題解決が目指すのは，こうしたほかとは異なる解法をアクセス可能な問題解決の知識ベースに組み込むことである．

　今日の問題解決は，主としてジョージ・ポリア（George Polya）の発見的モデルを基礎としている．このモデルは，1945年に出版され現在も入手可能な彼の著書，*How to Solve It*[1] の中で展開されたものだ．この本の中でポリアが示したのは，

(1)　問題を理解する
(2)　計画を立てる
(3)　計画を実行する
(4)　振り返る

という問題解決の4つのステップである．

　現在の問題解決モデルの大部分はこの4段階の発見的モデルに基づいている．このモデルには通常，(1)問題を読むこと，(2)適切なストラテジーを選ぶこと，(3)問題を解くこと，(4)解法を振り返るまたはそれについてよく考えることが含まれる．用いる言葉は違っていても，考え方は同じである．このプロセス全体の鍵となるのは，適切なストラテジーを選ぶこと，すなわち問題にどう取り組むかを決定することだ．この重要なステップを詳しく見ていくために本書は作成された．

　適切なストラテジーの選択が鍵だということは今述べたとおりである．過去数十年の間に，さまざまな著者がいくつもの違ったストラテジーについて書いたり，それらを提示したりしているが，その多くには共通する要素がある．本書では，問題解決に最も役立つと思われるストラテジーを10取り

---

[1] （訳注）邦訳は『いかにして問題をとくか』（柿内賢信 訳，丸善，1975年）．ISBN-13: 978-4-621-04593-0.

上げ，それぞれに1章ずつ割いて見ていくことにした．各章で出す問題に対し，まずはすぐに思いつくありがちなアプローチを示すようにした．ほとんどの場合そのアプローチで正しい答えにたどり着くだろうが，ややこしい代数を多用したり，難しい計算をしたりしなければならないことが多く，時には正解が得られないこともある．

次に，エレガントで模範的な解法を提案し，その章で注目する問題解決のストラテジーを使うとどのように答えが導かれるかを実際に示した．ここで留意すべきは，我々が「答え」と「解法」を区別していることである．解法とは，問題を読み始める時点から，最終的な答えにたどり着きそれについてよく考えるまでのプロセス全体を指す．答えそのものは解法の要素の中でも重要性が最も低い部類に入るという見方がある．それはそのとおりだ．だが，答えに至った過程は解法の極めて重要な要素である．

本書に目を通す際には（できれば問題にも取り組んでもらいたいものだが），問題を解くために複数のストラテジーが併用されることがよくあるという点に注意してほしい．例えば，知的に推測し検証するストラテジーを用いる場合，通常データを整理するストラテジーも必要となる．こうした複数のストラテジーが用いられる問題は，よりふさわしいと思われる章を選んで出題した．

各章では，まず冒頭で個々のストラテジーについて説明し，日常生活ではそれがどういった場面で使われているかを示してから，数学における適用例を見ていく．続いて，各ストラテジーを使うことでうまく解決できる一連の問題を提示して，ストラテジーの使い方を例示する．本書で取り上げるストラテジーは以下のとおりである．

1. 論理的に推論する
2. パターンを認識する
3. 逆向きに考える
4. 視点を変える
5. 極端な場合を考える
6. 単純化した問題を解く
7. データを整理する

viii　はじめに

8. 図で視覚的に表現する
9. すべての可能性を網羅する
10. 知的に推測し検証する

　先にも触れたように，問題を解く方法が1つしかないなんてことはまずない．我々が示した模範的解法は一例であって，決して唯一のものではない．読者には，ちょっと変わっていておもしろそうな別解をぜひ見つけてみてほしい．それができたら素晴らしいことだ．なお，2種類以上のストラテジーを組み合わせて使うことで，程度の差はあれ効率がよくなる場合があるだろう．

　ある問題に対して種々のストラテジーを用いてどのようにアプローチできるか（そしてどのように解けるか）を示すために，ここで1つよく知られている問題を出して，それに対する解法をいくつか紹介しよう．

問題

　部屋にいる10人全員がそれぞれほかの全員と1回ずつ握手したら，握手の回数は全部で何回になるか．

解法1

　図を描いて**視覚的に表現する**ストラテジーを使ってみよう．下の10個の点は（どの3点も同一直線上に並ばないように描かれていて），部屋にいる10人を表している．点Aから見ていこう．

はじめに　ix

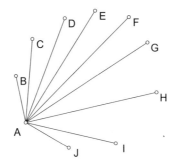

A とほかの 9 個の点をそれぞれ直線で結ぶ．これは最初に握手が 9 回行われることを示している．

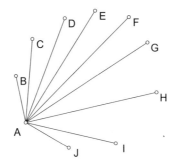

次の B の握手の回数は 8 回になる（A と B はもう握手しており，線分 AB はすでに引かれているからである）．同じく，C から引く直線は 7 本になり（線分 AC と線分 BC はすでに引かれている），D から引く直線は 6 本，すなわち握手は 6 回となって，以下同様に続く．点 I までくると，I はすでに A, B, C, D, E, F, G, H と握手をしているので，残るは 1 回，すなわち I と J の握手だけとなる．したがって，握手の回数の合計は $9+8+7+6+5+4+3+2+1=45$ と等しい．一般的には，初項から第 $(n-1)$ 項までの自然数の和を求める公式 $\dfrac{n(n-1)}{2}$（ここで $n \geq 2$）を使ってこれを求めることもできる．（最終的にこの図はすべての対角線が引かれた十角形になることに注意．）

x　はじめに

解法 2

　すべての**可能性**を**網羅**してこの問題にアプローチすることもできる．下の
マス目は，$A, B, C, \ldots, H, I, J$ の人たちが互いに握手をするすべての組合
せを表したものである．X が書かれた対角線上のマス目は，自分自身とは握
手ができないことを示している．

	A	B	C	D	E	F	G	H	I	J
A	X									
B		X								
C			X							
D				X						
E					X					
F						X				
G							X			
H								X		
I									X	
J										X

　その他のマス目の数は，部屋で行われる握手の総回数の 2 倍になっている
（つまり，A と B との握手と B と A との握手が含まれている）．したがって，
マス目の総数 (10^2) から対角線上のマス目 (10) を引き，その答えを 2 で割れ
ば握手の回数が求められる．この場合，$\dfrac{100-10}{2}=45$ となる．

　$n \times n$ 個のマス目の場合で考えると，握手の回数は $\dfrac{n^2-n}{2}$ となるだろう．

はじめに　xi

これは上で示した式 $\dfrac{n(n-1)}{2}$ と等しい.

解法3

　今度は視点を変えて見ていこう. 部屋にいる10人がそれぞれほかの9人と握手することを考えると, 握手の回数は 10×9, すなわち90回になるように思われる. しかし, (A が B と握手をするときは B が A と握手をするとも考えられるので) 重複している分を除くために2で割らなければならない. よって, $\dfrac{90}{2} = 45$ となる.

解法4

　パターンを探すことによって解いてみよう. 下の表は, 部屋にいる人数の増加に伴う握手の回数を表している.

部屋にいる 人数	新たに増えた人が する握手の回数	部屋で行われる 握手の総回数
1	0	0
2	1	1
3	2	3
4	3	6
5	4	10
6	5	15
7	6	21
8	7	28
9	8	36
10	9	45

　握手の総回数を表す第3列は, 三角数と呼ばれる数の列となっていて, その階差数列は1ずつ増えている. したがって, この数列を単純に続けていけば, 10人の場合の総回数がわかる. 総回数の各値はその値が含まれる行の

xii　はじめに

人数と1つ前の行の人数の積の半分になっているというパターンに注意しよう.

解法5

　データを整理するストラテジーを慎重に用いてアプローチすることができる. 下の表は, 部屋にいる10人それぞれを表す番号と, 各人が自分より前の人たちとはすでに握手していて自分自身とは握手しないことを前提とした握手の回数を示している. つまり, 10番の人は9回握手をし, 9番の人は8回握手をし, 以下同様に続く. 2番の人まで来ると, 握手する相手は残り1人となり, 1番の人はもう全員と握手をしてしまったので握手する相手はいない. この場合もやはり合計は45回である.

データ項目										
部屋にいる人の番号	10	9	8	7	6	5	4	3	2	1
握手の回数	9	8	7	6	5	4	3	2	1	0

解法6

　単純化した問題を解くストラテジーを, **視覚的表現（図を描く）**, **データ整理**, **パターン探し**のストラテジーと組み合わせることもできる. 1人の人を1つの点で表した図から始めよう. 握手の回数は明らかに0回だ. では人数を2人に増やして点を2つにしよう. すると握手は1回になる. さらに3人に増やそう. 今度は握手は3回になる. 続けて4人, 5人と増やしていこう.

人数	握手の回数	視覚的表現
1	0	•A
2	1	A•――•B

（次頁へ続く）

はじめに　xiii

（前頁の続き）

人数	握手の回数	視覚的表現
3	3	
4	6	
5	10	

　この問題はもう幾何の問題となっており，答えは「n角形」の辺と対角線の数である．したがって，10人の場合には十角形ができるので，辺の数は$n = 10$である．対角線の数dは次の式で求めることができる．

$$d = \frac{n(n-3)}{2} \quad （ここで n > 3）$$
$$d = \frac{10 \cdot 7}{2} = 35$$

　よって，握手の回数 $= 10 + 35 = 45$ である．

解法7

　もちろん読者の中には，10個の中から2個を同時に選ぶ組合せの式を使えばこの問題は簡単に解けるだろうとすぐ気づく人もいるかもしれない．

$$_{10}C_2 = \frac{10 \cdot 9}{1 \cdot 2} = 45$$

xiv　はじめに

　しかしながら，この解法は実に効率的で，簡潔で，正確である一方，数学的思考を（公式を使う以外）ほとんど用いておらず，問題解決のアプローチ全体を回避してしまっている．この解法は触れておくべきものではあるけれども，ほかの解法を紹介したことによってさまざまなストラテジーを示すことができた．この問題を採用した理由はここにある．

　読者には，本書を通読し，問題を解き，すべてのストラテジーについてよく理解することをお勧めする．そうすることで，問題解決プロセスの基本ツールとなる自分だけの問題解決ストラテジーを構築することができる．問題解決を初めて学ぶ人には，本書をきっかけに興味を持ち，数学に欠かせないこの最もおもしろい側面を深く探究してもらえたらと思う．以前から批判的思考と問題解決に関心がある人には，興味を引く目新しい問題が見つかることを願っている．何よりまずは本書を楽しんでいただきたい．

目　次

第 1 章　論理的に推論する　　　　　　　　　　　　　1

第 2 章　パターンを認識する　　　　　　　　　　　　15

第 3 章　逆向きに考える　　　　　　　　　　　　　　33

第 4 章　視点を変える　　　　　　　　　　　　　　　51

第 5 章　極端な場合を考える　　　　　　　　　　　　73

第 6 章　単純化した問題を解く　　　　　　　　　　　93

第 7 章　データを整理する　　　　　　　　　　　　107

第 8 章　図で視覚的に表現する　　　　　　　　　　127

第 9 章　すべての可能性を網羅する　　　　　　　　145

第 10 章　知的に推測し検証する　　　　　　　　　　161

訳者あとがき　　　　　　　　　　　　　　　　　　179

索　引　　　　　　　　　　　　　　　　　　　　　182

第1章

論理的に推論する

　論理的に推論するというストラテジーに丸々1章割くのは，いささか無駄だと思われるに違いない．問題解決にこのストラテジーを用いるか否かにかかわらず，どんなストラテジーを用いても多少なりとも論理的思考は伴うものだと考えられるだろう．そもそも，多くの人にとって問題解決というのは，論理的推論，すなわち論理的思考とほとんど同義である．では，わざわざここに章を設けてこのストラテジーを単独で扱うのはなぜなのか．

　日常生活において我々は，議論をするとき論理的推論に頼る．だいたい討論しているときには，主張したことに対して具体的な反応が返ってくることを期待するものだ．仕事でも，職場で何かのやり方を変える場合に論理的な議論を積み重ねることがある．そのほか，自分の望む結論につながるよう論理的に推論して一連の発言を行ったりもする．例えば法廷では，弁護士は論理的推論を働かせて，望ましい評決が下されるよう主張を行う．また，誰かと2日後に会うことになっていて今日が土曜日であるなら，その人と会うのは月曜日だということは論理的にわかることである．

　数学の問題解決においては，本書で取り上げているものも含め，我々が普段用いるほかのどのストラテジーも基本的に必要としない問題というものがある．そのような問題の場合は，よく考え，論理的推論を積み重ねていくことによって結論を導き出さなくてはならない．例として次の問題を見てみよう．

　　和が741となる2つの素数の組合せをすべて求めよ．

2 第1章 論理的に推論する

741 より小さい素数をすべて列記して，合計が 741 になる 2 つの素数の組合せを探す人は多いだろう．だが，論理的推論を少し働かせることによって作業は楽になる．2 つの数の和が奇数であるならば，一方は奇数で，他方は偶数でなければならない．ところが，偶数であり素数でもある数はただ一つ，すなわち 2 しかない．とすれば，もう一方の数は 739 である（739 は素数である）．与えられた条件を満たす組み合わせはこれ以外にはない．

ではもう 1 つ，論理的推論によって解くことができる問題を考えてみよう．

前から読んでも後ろから読んでも同じになる数のことを回文数という．例えば 3 桁の数なら 373，4 桁なら 8668 などがそうだ．マリアは 3 桁の回文数のすべてを 1 枚の紙切れに 1 つずつ書いて大きな箱に入れた．ミゲルは 4 桁の回文数のすべてを同様に書いて同じ箱に入れた．先生は箱の中の紙切れをよくかき混ぜてから，ローラに中を見ないで 1 枚取り出すよう言った．ローラが 4 桁の回文数を取り出した確率はいくらか．

3 桁と 4 桁の回文数を全部書き出し，それらを数えて確率を求めるという方法が 1 つ考えられる．この方法は多少時間はかかってもうまくいくだろう．だが，論理的推論のストラテジーを使えば次のように簡単に求められる．例えば 373 という 3 桁の回文数があるとする．これを 4 桁の回文数にするには，真ん中の数字を繰り返すだけでよく，その結果 3773 が得られる．実は 3 桁の回文数ならどれでも真ん中の数字をもう 1 回繰り返すだけで 4 桁の回文数にできるのである．よって，4 桁の回文数の数は 3 桁の回文数の数と同じであるから，4 桁の回文数を選ぶ確率は 2 つに 1 つ，すなわち $\frac{1}{2}$ である．

さらにもう 1 つ，単純な論理的推論によって問題がずいぶん簡単に解けるようになる例を見てみることにしよう．

花屋の棚の上にギフト用のリボンが入った箱が 3 つある．マークは「赤」，「白」，「両方」（赤と白）と書かれた 3 枚のラベルを箱に貼りに行ったとき，3 枚とも間違った箱に貼ってしまった．箱は高い棚の上に置かれていて，中は見えない．彼が手を伸ばしていずれか 1 つの箱からリボンを 1 つだけ取り出すことによりラベルをすべて正

しく貼り直すには，どの箱から取り出したらよいか.

ここで論理的推論をしてみよう．まず，「白」のラベルの箱について言えることは「赤」のラベルの箱についても言えることに注意してほしい．これらの間には一種の対称性がある．そこで，マークには「両方」のラベルの箱からリボンを1つだけ取り出してもらう．それが赤なら，この箱は実際には赤いリボンだけが入っている箱だとわかる．なぜならこれは「両方」の箱であるはずがないからだ．この箱に「赤」のラベルを貼る．「白」のラベルの箱は白いリボンだけの箱ではないので，これは「両方」の箱に違いない．とすると，最後の「赤」のラベルが間違って貼られた箱は「白」の箱だということになる.

以上見てきたいずれの問題も，論理的に推論して慎重に考えることで解決に至っているが，だからといって，ほかの問題解決のストラテジーを用いる際に論理的思考は必要ないというわけではない．ただ本章で扱う問題は，ほとんど論理的推論だけで効果的に解決できるものとなっている.

問題 1.1

マックスが自然数を 1, 2, 3, 4, ... と順番に数え始めるのと同時に，サムは同じ速さである数 x から逆に $x, x-1, x-2, x-3, x-4, ...$ と数える．マックスが52と言うとき，サムは74と言う．サムはどの数 (x) から数え始めたか.

ありがちなアプローチ

この問題に出合ったとき，ほとんどの人はおそらく問題文の状況をシミュレーションしようとする．すなわち，両方の数え方を同時に行ってどういう結果になるか確かめようとするだろう．難しいのは，どこから逆に数え始めたらいいかわからないため，小さい方の数から順番に試行錯誤しながら数えることになりがちな点だ．この方法はややこしくて大変である.

4 第1章 論理的に推論する

エレガントな解法

ここで論理的推論を用いることにしよう．マックスが52個の数を数えるとき，サムも52個の数を数える．サムが52番目に数える数は $x-51$ と表すことができるが，この数が74になることはわかっている．よって $x-51=74$ となるので，$x=125$ となる．

問題 1.2

ベリー[1] と水の混合物が100 kgあり，その重さの99%が水である．しばらく経ってその水分量は98%になった．このとき水の重さはいくらか．

ありがちなアプローチ

99%が水だから，1%の水が蒸発したら水の重さは98 kgだという答えがよくあるが，これは間違いだ．

エレガントな解法

ここで，答えを出すために少し論理的推論を働かせる必要がある．まず，混合物の99%が水であるということは，混合物には水が99 kgと水分を含まない物質が1%すなわちベリーが1 kg含まれているということである．水分を含まない物質の質量は変わらない．つまり，水分が蒸発してもその重さは1 kgのままである．だが一方で，水分を含まない物質の総質量が占める割合は2倍の2%になった．

定まった量（ここでは水分を含まない1 kgの物質）の割合が2倍に（1%から2%に）なるためには，全体の量が半分にならなければならない．水分を含まない物質の割合ははじめ1%すなわち $\frac{1}{100}$ だったのが，2%すなわち

---

[1] （訳注）ここでベリーとはいわゆるイチゴ，ラズベリーといった種類の総称で，著者はこの問題でベリーは水分を全く含まないものと仮定している．

$\dfrac{2}{100}$ になった．これを約分すると $\dfrac{1}{50}$ になる．これは総重量 $50\,\mathrm{kg}$ 中に水分を含まない物質が $1\,\mathrm{kg}$ 含まれていることを意味する．したがって水は $49\,\mathrm{kg}$ である．

問題 1.3

授業の実験で，ミゲルは普通の 6 面サイコロ 1 個を繰り返し振って出た目を記録し，同じ目が 3 回出たら振るのを止める．ミゲルが 12 回振ったところで振るのを止め，出た目の合計が 47 であるとき，3 回出たのはどの目か．（普通の 6 面サイコロには 1 から 6 までの数字が各面に 1 つずつ書かれている．）

ありがちなアプローチ

1 つのアプローチとして，サイコロを用意してこの実験を行う方法がある．だが，12 回振って出た目の合計が 47 になるという結果を得ることは困難だ．よしんば答えが得られたとしても，とうていエレガントな方法とは言えないだろう．

エレガントな解法

論理的推論のストラテジーを使おう．サイコロを 11 回振った時点ではどの目もまだ 3 回出ていなかった．というのも，もし出ていたら実験はすでに終了していたはずだからだ．この場合，5 種類の目が 2 回ずつ出て，残りの目が 1 回出たことになる．この残りの目を M とする．M が 12 回目に出ていたら，合計は $2(1+2+3+4+5+6) = 42$ になっていた．このことから，サイコロを 11 回振った後の合計は $42 - M$ となる．3 回出た目が N ならば，$42 - M + N = 47$ となるので，$N - M = 5$ となる．M と N は 1 から 6 までの数しか取れないことがわかっており，これらの数の中で差が 5 になる 2 つの数は 6 と 1 だけである．この制限により，方程式 $N - M = 5$ の

解は $M=1$, $N=6$ 以外にない．よって3回出た目は6である．

問題 1.4

周の長さと面積の数値が等しい三角形がある．この三角形の内接円の半径を求めよ．

ありがちなアプローチ

図 1.1 のような図を描き，いろいろな値を試してどの値が有効か確かめるのがよくある解き方だろうが，このアプローチではもどかしい思いをすることになりそうだ．

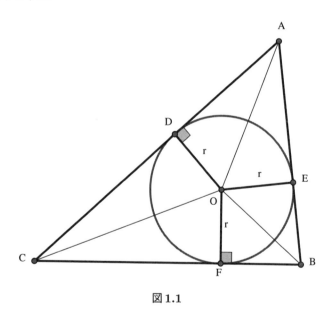

図 1.1

エレガントな解法

ここは単純に論理的に考えながら問題文に従って解いていこう．まず三角

形 ABC の周の長さを p とすると, $p = AB + BC + CA$ となる. 内接円の中心を点 O, 半径を r としよう. 三角形 ABC の面積は, 三角形 AOB, BOC, COA の面積の合計と等しく, これら 3 つの三角形の底辺はそれぞれ AB, BC, CA で, 高さは r である. これにより次の方程式

$$\Delta ABC \text{ の面積} = \frac{1}{2}rAB + \frac{1}{2}rBC + \frac{1}{2}rCA$$
$$= \frac{1}{2}r(AB + BC + CA) = \frac{1}{2}rp$$

が得られる.

周の長さと面積の数値は等しかったので, $\frac{1}{2}rp = p$ となり, $r = 2$ となる.

問題 1.5

大統領選挙は 4 年に一度, 4 の倍数の年に行われる. それらの年の中には完全平方数にもなっている年がある. 1788 年から 2016 年までの間で完全平方数の年に行われた大統領選挙は何回か. またそれは何年か.

ありがちなアプローチ

1788 年から 2016 年の間に行われた 4 年ごとの選挙の年をすべて調べるというのが 1 つのアプローチ方法である. 1788 は 4 で割り切れるので, 指定された範囲の中で最初に選挙が行われた年となる. そこから後の選挙の年をすべて列記し (1788, 1792, 1796, …, 2012, 2016), それぞれの平方根をとることでどの年が完全平方数か判断することができる. 電卓は使えるだろうが, それでもこのやり方は時間がかかるしつまらない.

エレガントな解法

この問題には論理的推論のストラテジーがもっていこいだ. まず, 選挙の年が 4 の倍数であるならば, それらは偶数であるはずなので, 奇数の年は無

8 第1章 論理的に推論する

視してよい．さらに以下のことから，選挙の年の平方根は40台であるに違いない．

$$40^2 = 1600 \ (指定範囲より前)$$

$$42^2 = 1764 \ (指定範囲より前)$$

$$44^2 = 1936$$

$$46^2 = 2116 \ (指定範囲より後)$$

指定された範囲内に該当するのは1つだけ，すなわち1936である．したがって，完全平方数の年に行われた大統領選挙は1936年の1回のみであった．

問題 1.6

ジミーは10セント硬貨を2枚同時に投げることを繰り返し，少なくとも1枚が表になった時点で投げるのを止める．2枚とも表が出て投げるのを止める確率はいくらか．

ありがちなアプローチ

実際に10セント硬貨を2枚投げ，それを何度も繰り返して結果はどうなるか確かめることがまず思いつく．しかし，確率の実験のほとんどにおいて言えることだが，サンプルの規模が小さすぎて，いかなる精度においても結果を予測できない場合が多い．

エレガントな解法

論理的推論のストラテジーを使おう．この実験では，硬貨の表が出る場合だけが重要であって，それより前に行った硬貨投げの結果は全く関係ない．となれば，最後の硬貨投げの結果を調べるのは簡単で，次の4つの可能性がある．

表表　表裏　裏表　裏裏

　このうち 3 つは少なくとも 1 枚が表になっている．表が出ていないのは 1 つだけだ．これは無視してよい．2 枚とも表が出ているのは表表だけである．よって，確率は $\frac{1}{3}$ である．

問題 1.7

　しっぽが 2 巻きしている品種の豚と 3 巻きしている品種の豚がいる．農夫は自分の子供たちに豚小屋に何匹豚がいるか数えに行かせた．数学好きの子供たちの報告によると，2 巻きのしっぽの豚の頭数と 3 巻きのしっぽの豚の頭数はそれぞれ素数で，しっぽの巻き数の合計は 40 だった．豚小屋には何匹の豚がいるか．

ありがちなアプローチ

　2 巻きのしっぽの豚の頭数を x とし，3 巻きの豚の頭数を y とすると，$2x + 3y = 40$ という方程式が立てられる．これは 2 変数を含む単一方程式である．扱う数が小さいので，x と y にいろいろな値を代入して方程式を満たす組合せを見つけることが可能だ．ただしいろいろな値といっても，x と y は両方とも素数であるとわかっていることから，選択肢は 19, 17, 13, 11, 7, 5, 3, 2 に絞られる．それでもやはりこの方法はかなり時間がかかるし退屈で面倒である．

エレガントな解法

　2 巻きのしっぽの豚の頭数を x とし，3 巻きの豚の頭数を y とすると，$2x + 3y = 40$ が得られるのは前で見たとおりである．だが今度は，論理的推論のストラテジーを使ってこの方程式について考えていこう．40 と $2x$ は共に偶数であるから，偶数の和 40 を得るには y も偶数でなければならないことがわかる．y は素数だから，y は 2（これは唯一の偶素数である）に違いな

10   第1章　論理的に推論する

いので，$3y$ は 6 となる．ここで x について解くと

$$2x + 6 = 40$$
$$2x = 34$$
$$x = 17$$

となる．

　農夫の豚小屋には $17 + 2$，すなわち 19 匹の豚がいる．

問題 1.8

　ある数が各桁の和で割り切れるとき，それを「特別な数」と呼ぶことにする．次のうち「特別な数」はどれか．

　　11, 111, 1111, 11111, 111111, 1111111, 11111111, 111111111

ありがちなアプローチ

　よくあるのは，それぞれの数の各桁の和を求め，その和で元の数を割るというアプローチである．例えば 11 は，$1 + 1$ すなわち 2 で割っても割り切れないので，特別な数ではない．ほかの数についても同様に考えていくわけだが，このアプローチだと 8 つの小問を解かなくてはならない．

エレガントな解法

　この問題は上述のアプローチで最終的に解けるだろうが，もっとエレガントにアプローチするために論理的推論のストラテジーを使おう．まず，問題で与えられた数がすべて奇数であることは，末尾が 2, 4, 6, 8 または 0 の数が 1 つもないことから明らかだ．一方，1 が偶数個あれば，それらの和は偶数になる．このことから，1 が偶数個ある 11, 1111, 111111, 11111111 は除外される．さらに，11111 は末尾が 0 または 5 でないので，5 では割り切れない．

　1111111 について確かめてみると，7 では割り切れないことがわかる．と

すると，残るはあと2つだけとなる．111は各桁の和である3で割り切れることがわかる（すなわち$3 \cdot 37$）．また，111111111も9で割り切れる（すなわち$9 \cdot 12,345,679$）．よって，最初に与えられた数の中で「特別な数」は111と111111111の2つだけである．

問題 1.9

最初の9個の自然数のいずれでも割り切れる最小の数は2,520である．最初の13個の自然数のいずれでも割り切れる最小の数は何か．

ありがちなアプローチ

最も一般的なのは，最初の13個の自然数の約数をすべて求めてそれらを掛け合わせるというアプローチだ．だが，時間はかかるし計算も面倒だろう．それに，約数の余計な重複がないように気をつけなければならない（例えば8は，すでに4と2が使われているだろうから繰り返さない）．とはいえ，この方法は慎重に正しく行われれば，最終的には正しい答えに至るだろう．

エレガントな解法

論理的推論のストラテジーを使って解いていこう．当然のことながら，2,520という数は，1から9までの数（最初の9個の自然数）のすべての約数を重複なく掛け合わせて得られたものである．ということは，1から9までの自然数についてはすでに答えが出ているので，あとは10, 11, 12, 13について考えるだけでよい．10の約数（$5 \cdot 2$）と12の約数（$4 \cdot 3$）はすでに使われている．一方，11と13は素数だから，その数自体と1以外に約数を持たない．よって，$2,520 \cdot 11 \cdot 13$という掛け算をすれば，最初の13個の自然数のいずれでも割り切れる最小の数は360,360であることがわかる．

12 第1章 論理的に推論する

問題 1.10

アル，バーバラ，キャロル，ダンは数学のテストを受けた．彼らの正解数は合わせて67問で，全員少なくとも1問は正解した．アルの正解数が最も多く，バーバラとキャロルの正解数は合わせて43問だった．ダンは何問正解したか．

ありがちなアプローチ

一人一人の正解数を推測するのが典型的なアプローチである．推測が題意に沿っているかどうか，また推測した結果の合計が67問になるかどうかを確かめることで，正しい答えに行き着くかもしれないが，それは巧妙な推測に負う部分が大きいのであって，必ずしも数学的スキルに負うものではないだろう．

エレガントな解法

論理的推論のストラテジーを使おう．バーバラとキャロルは2人合わせて43問正解したので，どちらか1人は少なくとも22問正解したはずだから，その場合もう1人は21問正解したことになる．アルは最も正解数が多かったので，先に想定したバーバラとキャロルの正解数を踏まえると，アルは23問以上正解していなければならなかった．アルの正解数を23問とすると，バーバラは22問，キャロルは21問となり，3人合わせて，$23 + 22 + 21 = 66$ となる．ということは，ダンの正解数は多くて1問ということになる．全員が少なくとも1問は正解したことから，ダンの正解数は1問だけだったにちがいない．

問題 1.11

リサは自転車で，A 地点から B 地点までをつなぐ鉄橋の $\dfrac{3}{8}$ に差し掛かったとき，後ろから列車が時速60マイルで鉄橋に近づいてくる音を聞いた．

彼女が瞬時に暗算したところ，鉄橋のいずれかの端（A 地点または B 地点）まで全速力で自転車を漕げばぎりぎり助かることがわかった．彼女が出せる最高速度を求めよ．

ありがちなアプローチ

鉄橋の長さはわからないので，長さを便宜上（あまり現実的ではないが）8 マイルと仮定しよう．もしリサが時速 y マイルの速さで鉄橋の始点（A 地点）に戻るとすると，$\frac{3}{y}$ 時間で 3 マイル移動することになる．この間に列車は $\frac{x}{60}$ 時間で A 地点まで x マイル移動する．以上のことから方程式 $\frac{3}{y} = \frac{x}{60}$ が得られ，$xy = 180$ となる．

一方，B 地点に向かうとすると，同様に $\frac{5}{y} = \frac{x+8}{60}$ という方程式が得られ，$xy + 8y = 300$ となる．

これら 2 つの方程式を組み合わせると，$8y = 300 - 180 = 120$ だから，$y = 15$ となる．

したがって，彼女の自転車を漕ぐ最高速度は時速 15 マイルである．

エレガントな解法

論理的推論のストラテジーを使えばもっとエレガントに解ける．彼女が鉄橋のどちらの端に向かってもぎりぎりで助かるならば，列車から離れるように B 地点に向かわせよう．列車が A 地点に着くとき，彼女はさらに $\frac{3}{8}$ の距離を進んでいるから，合計で鉄橋の長さの $\frac{6}{8}$（すなわち $\frac{3}{4}$）まで進んでいることになる．彼女は列車が鉄橋全体の長さを移動するのにかかる時間と同じ時間で残りの距離を移動することができる．よって，彼女が自転車を漕ぐ速さは電車の速さの $\frac{1}{4}$，すなわち時速 15 マイルである．

14　第1章　論理的に推論する

問題 1.12

　$S = 1! + 2! + 3! + 4! + 5! + \cdots + 98! + 99!$ のとき，S の一の位の値を求めよ．（ただし，$n!$ は $1 \cdot 2 \cdot 3 \cdot 4 \cdot \ldots \cdot (n-1) \cdot n$ のことである．）

ありがちなアプローチ

　通常このような問題に出合うと，各階乗を計算してからそれら全部を足して S の値を求めたくなる．言うまでもなく，これはうんざりする作業であるし，おそらく計算ミスにつながるだろう．

エレガントな解法

　S の値をよく調べて単純化すると

$$S = 1! + 2! + 3! + 4! + 5! + \cdots + 98! + 99!$$
$$S = 1 + 2 + 2 \cdot 3 + 2 \cdot 3 \cdot 4 + 2 \cdot 3 \cdot 4 \cdot 5 + \cdots + 98! + 99!$$
$$S = 1 + 2 + 6 + 24 + 10k \quad （ここで k は正の整数）$$

となる．

　$5!$ は 10 を約数に持つため，$5!$ 以降の項をまとめて $10k$ とした．$5!$ の倍数はいずれも 10 の倍数になる．$6!$ は $5!$ の倍数であり，$7!$ は $6!$ の倍数であるので，n が 5 より大きければ，$n!$ は 10 の倍数になるのである．したがって，一の位は 3 となる．

第2章

パターンを認識する

　問題を解決しようとするときに現れる数々のパターンには，数学本来の美しさがある．有名な数学者W. W. ソーヤー（W. W. Sawyer）はかつて，数学はパターンの探求だと考えられると述べた．規則的に生じる物事を予測することは数学の主な使い道の1つである．例えば，スコーンを用意するのに3人分ならいくつ必要で，4人分，10人分，さらにはn人分ならいくつかといった具合だ．

　パターン認識は重要な問題解決スキルである．一連の具体例を体系的に調べたときにパターンがあることに気づけば，そのパターンを使い，調べてわかったことを広く適用可能な解法に拡張することができる．例を挙げよう．1, 2, 3, 6, 11, 20, 37, ＿, ＿, という数列に続く2つの数は何かという問いがあったら，この数列を調べ，これらの数が何らかのパターンに当てはまるかどうか確かめる必要がある．最初の3項が1, 2, 3, とくれば，やはり次に続くのは4ではないのか．しかしそうはなっていない．そうか，第3項より後の各項は，先行する3つの数の和になっているのか．（これはフィボナッチ型数列である．）すなわち，$1+2+3=6, 2+3+6=11,$ $3+6+11=20$などとなっているわけだ．これを続ければ，この数列に続く2つの数は$11+20+37=\mathbf{68}$と$20+37+68=\mathbf{125}$だとわかる．

　小さい子供でもパターンを利用する．学校に通い始めると数の数え方を学ぶが，1ずつ，2ずつ，5ずつというように数えるのに子供はパターンを使う．3, 6, 9, 12, ... という数列で次に続く数は何かと2年生の子に問えば，その子は「それぞれの数に何を足したら次の数になるだろう」と考える．これは，

ふと思いついたパターン探しのストラテジーのほぼ自然な使い方である.

　ほとんどの人は日常生活の中でパターンを使っている. その「パターン」には記憶術（mnemonics）に絡んだものがある. mnemonic の語源は, 記憶の工夫という意味の古代ギリシャ語 mneomnikos である.「**Every Good Boy Does Fine**」という音楽に関するよく知られた記憶法があるが, この各単語の頭文字は, 五線譜の線上に書かれた音符の音名のパターン, すなわち E-G-B-D-F になっている. ジムのロッカーの鍵の暗証番号, 電話番号, または自動車のナンバープレートの番号を覚えておくときにもパターンを使う. ある住居番号を探しているときもそうだ. 通常奇数の番号は通りの一方の側にあって, 偶数の番号はその反対側にあるという, とても単純だが有益なパターンをほとんど直感的に使っている.

　警察はパターンを幅広く利用している. 犯罪が連続して起こると, 警察は犯人らの手口を探り, それら一連の犯罪のプロセスにパターンがあるかどうか調べる.

　医者は通常患者の病気を見極めるために行動パターンを拠り所にする. ある病気の患者を大勢治療した医者は, その後その病気の診断をする際すぐに症状のパターンに気づくことができる.

　パターン認識のストラテジーの真の実力が最もよく現れるのは, 問題状況を解決するためにそれを使うときであり, 中でもある問題を解くのにこのストラテジーが使えるかはっきりしていないときである. 例として, 13^{23} の一の位を求めよという問題があるとしよう. まず思いつくのは, 電卓を使って 13 の 23 乗を計算するアプローチだが, この極めて大きな桁数の数を表示できる電卓があるとしても作業は大変だ. 代わりに, 13 のべき乗の指数が増えるに従って値はどうなるかを調べることで, 一の位の数字にこの問題を解くのに役立つような何らかのパターンが見られるか確かめることができる.

$$13^1 = 1\underline{3} \qquad\qquad 13^5 = 371,29\underline{3}$$
$$13^2 = 16\underline{9} \qquad\qquad 13^6 = 4,826,80\underline{9}$$
$$13^3 = 2,19\underline{7} \qquad\qquad 13^7 = 62,748,51\underline{7}$$
$$13^4 = 28,56\underline{1} \qquad\qquad 13^8 = 725,731,72\underline{1}$$

13 の各べき乗の一の位は

$$3, 9, 7, 1, 3, 9, 7, 1, \ldots$$

という数列を作っているようだ.

これは周期 4 の数列になっている. よって, 13^{23} の一の位は 13^3 と同じ 7 となる.

実は, この問題からパターンについて興味深い疑問が出てくる. それは, **どんな数**でもそのべき乗の一の位は周期的なパターンを持つのだろうかという疑問だ. それがすぐにわかるものもある. 例えば, 5 のべき乗の一の位は常に 5 である (すなわち 5, 25, 125, 625, ...). こうした数の特性はとてもおもしろいもので, パターン認識によって問題を解く場合にかなり役に立つ. ほかの数のべき乗の一の位についても調べて, パターンが生じるかどうか確かめてみるといいだろう.

ただし注意しておくことがある. 幸いめったにないことだけれども, パターンがあるように見えても, ずっと見ていくと一貫性がないことがあるのだ. その 1 つは, 3 以上の奇数はすべて 2 のべき乗と 1 つの素数の和として表せるように見えるケースだ. 例を挙げて確かめてみると, この「規則」は 125 までは当てはまるように見える. しかし驚いたことに, 次にくる奇数の 127 には当てはまらないのである. こうしたことから, 問題を解く際にパターンのストラテジーを適用するときは慎重でなければならない. とはいえ, これは明らかに例外であって, この問題解決方法を使う妨げにはならないはずである.

$$3 = 2^0 + 2$$
$$5 = 2^1 + 3$$

18   第2章　パターンを認識する

$$7 = 2^2 + 3$$

$$9 = 2^2 + 5$$

$$11 = 2^3 + 3$$

$$13 = 2^3 + 5$$

$$15 = 2^3 + 7$$

$$17 = 2^2 + 13$$

$$19 = 2^4 + 3$$

$$\vdots$$

$$51 = 2^5 + 19$$

$$\vdots$$

$$125 = 2^6 + 61$$

$$127 = ?$$

$$129 = 2^5 + 97$$

$$131 = 2^7 + 3$$

では，以下の問題に取り掛かろう．ここで扱う問題は，特に，必ずしもパターンがあるとは思われない場合に，パターンに気づくことで効果的に解けるものとなっている．

問題 2.1

次の式

$$2^{2^{2^{2^{2^{2^{\cdot^{\cdot^{\cdot^2}}}}}}}}$$

で，指数の 2 が 222 回繰り返されるときの一の位を求めよ．

ありがちなアプローチ

残念ながら，この式の値を求めるにはべき乗を222回も繰り返さなければ
ならないと考える人はいるだろう．このやり方ではうまくいくはずがない．

エレガントな解法

問題にあるように2のべき乗の指数が増えていくとき，パターンが認めら
れるか見てみよう．2のべき乗の指数が次のように増えていくときは，一の
位は2, 4, 8, 6のパターンで繰り返される．

$$2^1 = 2$$
$$2^2 = 4$$
$$2^3 = 8$$
$$2^4 = 16$$
$$2^5 = 32$$
$$2^6 = 64$$
$$2^7 = 128$$
$$2^8 = 256$$

下の3行目の指数は4の倍数である．そして2のべき乗の指数が4の倍数
のときは，計算するといずれも一の位が6になる．

$$2$$
$$2^2 = 4$$
$$2^{2^2} = 2^4 = 16$$
$$2^{2^{2^2}} = 2^{16} = 65{,}536$$
$$2^{2^{2^{2^2}}} = 2^{65{,}536} = 11579208923731619542357098500868790785326998$$
$$466564056403945758400791 3129639936$$

したがって，問題の式の一の位は6である．

問題 2.2

次の各図は，それぞれ決まった数の点を長方形に配列したものである．図49の点の数はいくつになるか．

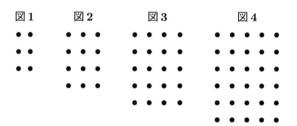

ありがちなアプローチ

すぐに思いつくアプローチは，図49まで点の配列図を描き続けることである．そうすれば図49の点の数を数えることができる．だが時間はかかるし，紙がたくさん必要になるのはもちろん，かなりの忍耐も必要になるだろう．どうやらもっとよい方法がありそうだ．

エレガントな解法

データを整理してパターンを探してみよう．すでにわかっていることを表にしよう．

図番号	縦	横	点の総数
1	3	2	6
2	4	3	12
3	5	4	20
4	6	5	30

あっ，パターンがある．縦の点の数はそれぞれ図番号より2多く，横の点の数は図番号より1多くなっている．すると図nの場合は次のようになる．

図番号	縦	横	点の総数
1	3	2	6
2	4	3	12
3	5	4	20
4	6	5	30
$\vdots$	$\vdots$	$\vdots$	$\vdots$
n	$(n+2)$	$(n+1)$	$(n+2)(n+1)$

したがって，図49の点の数は$51 \cdot 50 = 2{,}550$個になる．

問題2.3

円を3本の直線で分割すると，7つに分割できる．では，直線が7本なら最大いくつに分割できるか．

ありがちなアプローチ

円を描いて，その円を分割する7本の直線をどの3本も1点で交わらないように引くというのが典型的なアプローチである．これを注意深く行えば正しい答えに至るだろうが，分割数が確実に最大になるようにすることが問題になりそうだ．

エレガントな解法

どの3本の直線も1点で交わらないという条件を念頭に置きつつ，円を分割する直線の数が増えるにつれてパターンが現れるかどうかを見るのはおもしろいだろう．円を分割する直線を1本引くと，円は2つに分けられること

22   第2章　パターンを認識する

は明らかだ．2本引けば，4分割される．下の表は，与えられた数の直線を
どの3本も1点で交わらないよう引いて円を分割した場合に円はいくつに分
割されるかを示している．

直線の本数	分割数	差
1	2	
		2
2	4	
		3
3	7	
		4
4	11	

　差を見ると，1ずつ増えていくパターンになっているようだ．そこで，次
の5本の直線の場合は分割数がはたして16になるかどうか試してみれば，
おそらくこのパターンを当てはめて以下のように表を完結させることができ
るだろう．

直線の本数	分割数	差
1	2	
		2
2	4	
		3
3	7	
		4
4	11	
		5
5	16	
		6
6	22	
		7
7	29	

　よって，円は7本の直線（弦）で29個に分割できる．

問題 2.4

図 2.1 は，街路の進行方向を矢印で示した地図である．

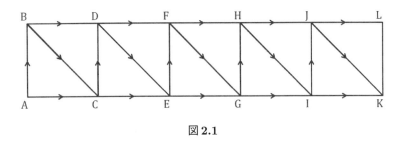

図 2.1

A地点からL地点までの行き方は何通りあるか．

ありがちなアプローチ

最もよくあるのは，考えられるいろいろなルートを単純に数えるアプローチだ．すなわち，1つずつ異なるルートを考えて，その結果を数えるのである．例えば，1つ目のルートはA–B–C–D–E–F–G–H–I–J–K–Lで，2つ目はA–C–D–E–G–I–K–Lというように数えていく．しかしすぐわかるように，これはかなり手間がかかるだろうし，異なるすべてのルートを重複しないように数えるのは難しいかもしれない．なにしろ数が多い．

エレガントな解法

パターン探しのストラテジーを使おう．A地点からB地点まで行きたいとする．行き方は1通りしかない (A–B)．A地点からC地点まで行くとなると，2通り (A–B–C，またはA–C) になる．A地点からD地点までだと3通り (A–B–D, A–C–D, A–B–C–D) になる．このようにF地点まで続けていくと，各地点への行き方の数は次のとおりになる．

到着地点	行き方
A	1
B	1
C	2
D	3
E	5
F	8

この結果を図2.2に示す．

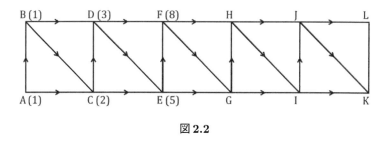

図 2.2

1, 1, 2, 3, 5, 8という数列は，フィボナッチ型数列と呼ばれるもので，1202年にピサのレオナルド（Leonardo of Pisa, フィボナッチの本名）が最初に世に広めた有名な数列になっている．この数列は1, 1, ...から始まって，その後は直前の2つの数の和が続いている．これをL地点まで続けると，次のようになる．

$$1,\ 1,\ 2,\ 3,\ 5,\ 8,\ 13,\ 21,\ 34,\ 55,\ 89,\ 144$$

したがって，このパターンを使うことにより，A地点からL地点までの行き方は144通りあることがわかった．

問題 2.5

ジョニーはノートから紙を1枚切り離して半分に破る．2枚になった紙の1枚をもう1枚の上に重ねて，再び半分に破る．半分になった紙を再度重ね合わせてさらに半分に破る．もしジョニーがこの行為を全部で20回繰り返

せるとしたら，重ねた紙の厚さはどのくらいになるだろうか．（元の紙の厚さは 0.001 インチだったとする.）

ありがちなアプローチ

表を作ってこの行為をシミュレーションすることが可能だ.

重なっている紙の枚数	破いた回数の累計	全部重ねた枚数	厚さ
1	1	2	0.002
2	2	4	0.004
4	3	8	0.016
8	4	16	0.032

以下同様に続く．最終的に 20 回破くところまで表を完成させて答えを出すことができる.

エレガントな解法

パターン探しのストラテジーを使って問題を解こう．紙を 1 回破いて重ねると 2 枚の厚さになる．2 回破いて重ねると 4 枚の厚さになる．3 回なら 8 枚の厚さになる．厚さは指数形式にして $2^1, 2^2, 2^3, \ldots$ と書き表すことができ，この数列の一般項は 2^n となる．20 回破くと，厚さは $0.001 \cdot 2^{20}$，すなわち約 1049 インチ，つまり約 87 フィートになる[1]．だから問題文には，「もしジョニーがこの行為を全部で 20 回繰り返せるとしたら」と書かれていたわけだ.

問題 2.6

標準的な 8×8 マスの正方形のチェッカーボードの盤面にはいろいろな大きさの正方形がある．正方形は全部でいくつあるか.

---

[1] （訳注）メートルに換算すると 26.6 m ほど.

26 第2章 パターンを認識する

ありがちなアプローチ

すぐに返ってくる答えは，8×8すなわち64個というものだ．しかし「いろいろな大きさの」という言い回しは，ほかにもあるかもしれないことを示唆している．64マスのチェッカーボードにいろいろな大きさの正方形の領域，すなわち2×2，3×3，4×4などがいくつあるか数えてみるという数学的アプローチはできるが，たくさんの正方形が重なり合って視覚化しづらい．しかも，数える過程はややこしくなりがちで，結果として少々退屈で手間のかかる方法になってしまう．

エレガントな解法

パターン探しのストラテジーは，データをまとめる表と合わせて用いることができる．まず縦横1マスのチェッカーボードを考えると，正方形は明らかに1個，すなわち1×1マスしかない．縦横2マスのチェッカーボードには，1×1マスの正方形が4個と2×2マスの正方形が1個あるから，全部で5個になる．ボードのサイズを1×1，2×2，3×3と増やしていきながらデータを表にまとめると次のようになる．

ボードサイズ	1×1	2×2	3×3	4×4	5×5	6×6	7×7	8×8	合計
1×1	1	—	—	—	—	—	—	—	1
2×2	4	1	—	—	—	—	—	—	5
3×3	9	4	1	—	—	—	—	—	14
4×4	16	9	4	1	—	—	—	—	30
5×5	25	16	9	4	1	—	—	—	55
6×6	36	25	16	9	4	1	—	—	91
7×7	49	36	25	16	9	4	1	—	140
8×8	64	49	36	25	16	9	4	1	204

8×8まで表を続けると，行が進むごとに正方形の数が移動していくパターンが見て取れることから，8×8マスのチェッカーボードにはいろいろな大きさの正方形が全部で204個あると結論づけることができる．

上の表を作成し終えてみると，驚くほど多くのパターンがあることに気づく．この表には完全平方数がたくさんある．「合計」の列をよく見て連続する項の差をとると，次のようなおもしろい数列が得られる．

$$5 - 1 = 4$$

$$14 - 5 = 9$$

$$30 - 14 = 16$$

$$55 - 30 = 25$$

$$91 - 55 = 36$$

$$140 - 91 = 49$$

$$204 - 140 = 64$$

ここにもまた完全平方数が現れている．もう一度差をとると，つまりこれらの平方数間の差をとると，次のように5から始まる奇数の数列が得られる．

$$9 - 4 = 5$$

$$16 - 9 = 7$$

$$25 - 16 = 9$$

$$36 - 25 = 11$$

$$49 - 36 = 13$$

$$64 - 49 = 15$$

ここで示したように，パターンは問題を解く際に大いに役立つばかりでなく，数学の美しさを際立たせる一側面でもあるのだ．

問題2.7

下の表が無限に続くとき，30行目で中央にくる文字は何か．

28   第2章　パターンを認識する

1行目	G L A D Y S G
2行目	L A D Y S G L
3行目	A D Y S G L A
4行目	D Y S G L A D

ありがちなアプローチ

　30行目まで各行の文字を全部書いていけば中央の文字を見つけることができる．このやり方はやや拙劣ではあるけれども，正しい答えは得られる．

エレガントな解法

　これは，パターンを探すことでいかに効率よく問題が解けるかを示す典型的な問題だろう．上の表をさらに4行続けよう．

1行目	G L A D Y S G
2行目	L A D Y S G L
3行目	A D Y S G L A
4行目	D Y S G L A D
5行目	Y S G L A D Y
6行目	S G L A D Y S
7行目	G L A D Y S G
8行目	L A D Y S G L …

　6つの文字が1組になっているので，行は6文字周期で繰り返される．さらに，30はちょうど6の倍数であることから，30行目の中央の文字は6行目の中央の文字と同じ，つまりAである．パターン認識のストラテジーを使えばこの問題はとても簡単に解ける．

問題2.8

　次の数の一の位をそれぞれ求めよ．

(a)　8^{19}

問題 2.8　29

(b)　7^{197}

（もちろん電卓やコンピューターを使わずに求めなくてはならない.）

ありがちなアプローチ

　電卓に 8 のべき乗を入力して計算し始める人もいるかもしれないが，ほとんどの電卓ではそんなに大きな数の答えは出せないことにすぐ気づくはずだ. なぜならゴールに到達する前に表示桁数の上限を超えてしまうからである.

エレガントな解法

　我々は別のアプローチを探さなければならない. 8 のべき乗の指数が増えるに従って値はどうなるか調べ，役に立ちそうなパターンが末尾の桁に見られるかどうか確かめてみよう.

$$8^1 = \underline{\mathbf{8}} \qquad 8^5 = 32{,}76\underline{\mathbf{8}} \qquad 8^9 = 134{,}217{,}72\underline{\mathbf{8}}$$

$$8^2 = 6\underline{\mathbf{4}} \qquad 8^6 = 262{,}14\underline{\mathbf{4}} \qquad 8^{10} = 1{,}073{,}741{,}82\underline{\mathbf{4}}$$

$$8^3 = 51\underline{\mathbf{2}} \qquad 8^7 = 2{,}097{,}15\underline{\mathbf{2}} \qquad 8^{11} = 8{,}589{,}934{,}59\underline{\mathbf{2}}$$

$$8^4 = 4{,}09\underline{\mathbf{6}} \qquad 8^8 = 16{,}777{,}21\underline{\mathbf{6}} \qquad 8^{12} = 68{,}719{,}476{,}73\underline{\mathbf{6}}$$

　現れるパターンに注目すると，8 のべき乗の一の位は周期 4 で繰り返されている. このパターンは使えそうだ. 問題の指数は 19 だが，これを 4 で割ると余りが 3 となる. よっての末尾の桁は，$8^{15}, 8^{11}, 8^7, 8^3$ のそれと同じで 2 だとわかる.

　ちなみに，懐疑的な読者のために示しておくが，8^{19} の実際の値は

$$144{,}115{,}188{,}075{,}855{,}87\underline{2}$$

である.

　同様に，7 のべき乗の指数が増えるにつれて値はどうなるか調べ，役に立ちそうなパターンが見られるかどうか確かめよう.

$7^1 = \underline{7}$ $\quad 7^5 = 16{,}80\underline{7}$ $\quad 7^9 = 40{,}353{,}60\underline{7}$

$7^2 = 4\underline{9}$ $\quad 7^6 = 117{,}64\underline{9}$ $\quad 7^{10} = 282{,}475{,}24\underline{9}$

$7^3 = 34\underline{3}$ $\quad 7^7 = 823{,}54\underline{3}$ $\quad 7^{11} = 1{,}977{,}326{,}74\underline{3}$

$7^4 = 2{,}40\underline{1}$ $\quad 7^8 = 5{,}764{,}80\underline{1}$ $\quad 7^{12} = 13{,}841{,}287{,}20\underline{1}$

このパターンに従うと,指数の197を4で割ると余りが1だから,7^{197}の一の位は7^1と同じ7となる.時間があるときに調べてみれば,

$7^{197} =$ 3050098627205351946069650032599654128227168673519018559752227429747850077966257216260752948953167361601476748761675310254828915552094341454271356929253590 8264249143207

であることがわかる.

問題 2.9

図2.3に示すように,1×1マスの正方形を作るには4本の楊枝が必要である.

図 2.3

2×2マスの正方形を作るには12本必要である(図2.4).

図 2.4

7×7マスの正方形を作るには何本の楊枝が必要か.

ありがちなアプローチ

実際に 7×7 マスの正方形を描いて，必要な楊枝の数を数えることができる．このやり方はうまくいくだろうが，面倒であるし，図をきちんと描かなければならない．

エレガントな解法

まずは小さいサイズの正方形をいくつか描いてパターンが見られるか確認してみることにする．3×3 マスと 4×4 マスの正方形を描いて（図 2.5 と 2.6 を参照），問題の解決に役立つパターンがあるかどうか見てみよう．

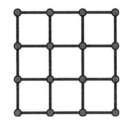

図 2.5

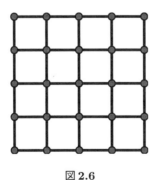

図 2.6

図からわかることを表にまとめよう．

32   第2章　パターンを認識する

正方形のサイズ	楊枝の数	増えた楊枝の数
1 × 1	4	—
2 × 2	12	8
3 × 3	24	12
4 × 4	40	16

　そうか，正方形のサイズが1つ増えるごとに，必要となる楊枝の数が4ず
つ増えているのか．表を続けよう．

正方形のサイズ	楊枝の数	増えた楊枝の数
1 × 1	4	—
2 × 2	12	8
3 × 3	24	12
4 × 4	40	16
5 × 5	60	20
6 × 6	84	24
7 × 7	**112**	28

　この表の3番目の列を見ると4ずつ増えていることがわかる．その列から
逆算することによって楊枝の数を算出することができる．楊枝は112本必要
になる．

第3章

逆向きに考える

　ほとんどの人にはこのストラテジーの名前自体がわかりにくく感じられる．この方法はとても不自然だ．我々の多くは学校で数学の問題を順を追って解くよう教わった．だが，実生活におけるさまざまな問題は逆向きに考えることで解決することがよくあるのである．例として，あなたはアメリカンフットボールの練習にでかけている子供を午後5時きっかりに迎えにいかなければならないとしよう．何時に出発したらよいだろうか．球場までは30分かかるとする．念のため5分の余裕をみておいたほうがよいだろう．とすると，35分前に出なくてはならないから，午後4時25分までに出発すればよいことになる．なんと，今我々は逆算を意識せずに行っていた．もちろんこれは逆向きに考えるストラテジーのごく簡単な例である．

　このような考え方をさらに知るために，もう1つの例を見てみよう．自動車事故が起こると，警察は事故現場の状況から遡り，誰が誰にぶつかったのか，急に道からそれたのはどちらの車か，タイヤのスリップ痕の長さはどのくらいだったか，誰に優先権があったのかと考えるだろう．これも逆向きに考えるよくある例である．

　逆向きに考えるストラテジーを使うときは，一般的には問題の終わり，すなわち「答え」が始まりとなる．そこから逆算していくので，もし問題に「2増やす」とあれば「2減らす」すなわち2を引くのである．要するに，何かの数を2増やしたなら，前のステップに戻るにはそれと同じく2だけ減らさなければならないということだ．同様に，3倍するとあれば，逆算するときには3で割ることになる．ここで，典型的な問題を見てみよう．

34　第3章　逆向きに考える

　　マリアが受けた 11 回分のテストの平均点は 80 点である．先生は各
　　生徒の最終平均点を出すとき，気前よく最低点を除外して計算す
　　る．マリアの場合，最低点は 30 点だった．マリアの最終平均点は
　　何点か．

　彼女の平均点から逆算していく．平均点（算術平均）は，通常すべての
点数を足したものを点数の個数で割ることによって求められる．彼女の
11 回分のテストの平均点が 80 点だったなら，11 回分のテストの合計点は
$11 \times 80 = 880$ 点にちがいない（ここで，11 で割るという元の演算を逆にし
て 11 を掛けたことに注意）．そこから，先生が除外した 30 点を引き，点数
の個数も 1 回分引くと，残りの 10 回分のテストの合計点が 850 点だとわか
る．彼女の最終平均点は $850 \div 10 = 85$ 点である．
　逆向きに考えるストラテジーが有効な問題をもう 1 つやってみよう．

　　デイヴィッドは野球カードゲームを 4 回やって帰ってきたところ
　　だ．彼のカード入れの中には今 45 枚のカードがある．どのように
　　して手に入れたのかと私が尋ねると，彼は「1 回目のゲームで手持
　　ちのカードの半分を失った．2 回目でそのとき持っていたカードの
　　枚数が 12 倍になった．3 回目で 9 枚のカードを手に入れた．4 回目
　　は引き分けだったので手持ちの枚数は変わらなかった」と言った．
　　彼が最初に持っていたカードは何枚か．

　問題に書かれている出来事に従って連立方程式を立てることもできるが，
逆向きに考えるストラテジーがどんな働きをするか見てみることにしよう．最
終結果（45 枚のカード）が与えられていて最初の枚数が求められている．こ
れは逆向きに考えるストラテジーが適している典型的な問題の「トレード
マーク」である．彼は 45 枚のカードを手にしてゲームを終えた．4 回目の
ゲームは引き分けだったので，3 回目のゲームの終了時も 45 枚のカードを
持っていた．3 回目のゲームでは 9 枚のカードを手に入れたので，2 回目の
ゲームの終了時には 36 枚のカード持っていた．2 回目のゲームでは持って
いたカードの枚数が 12 倍になったので，1 回目のゲームの終了時には 3 枚の
カードを持っていた．1 回目のゲームでは手持ちのカードの半分を失ったの

問題 3.1　35

で，彼が最初に持っていたカードの枚数は6枚だったことになる．逆向きに
考えるストラテジーによりこの問題はずいぶんと楽に解くことができた．

問題 3.1

2つの数があり，それらの和は2で，積は5である．このような2つの数
の逆数の和を求めよ．

ありがちなアプローチ

問題を読んですぐに思いつくのは，次のように2変数方程式を2つ立てる
ことだ．

$$x + y = 2$$
$$xy = 5$$

2次方程式 $ax^2 + bx + c = 0$ の解は $x = \dfrac{-b \pm \sqrt{b^2 - 4ac}}{2a}$ であるという公
式を使うことにより，これら2つの式を連立して解くことができる．しかし
ながら，この方法では x と y は $1 + 2i$ と $1 - 2i$ となり両方とも複素数値に
なってしまう．問題文の要件に従って，今度はこれら2つの根の逆数の和を
求める必要がある．

$$\frac{1}{1 + 2i} + \frac{1}{1 - 2i} = \frac{(1 - 2i) + (1 + 2i)}{(1 + 2i)(1 - 2i)} = \frac{2}{5}$$

ここで強調しておかなくてはならないのは，この方法は悪くないのだけれ
ども，ただあまりエレガントとは言えないということである．

エレガントな解法

問題を解き始める前に，一歩離れて何が求められているかを見極めるこ
とは有意義である場合が多い．おもしろいことに，この問題で求められて

36 第3章 逆向きに考える

いるのは x と y の値ではなく，これら2つの数の逆数の和である．すなわち，我々が求めるのは $\dfrac{1}{x} + \dfrac{1}{y}$ である．では，逆向きに考えるストラテジーを使うとどうなるだろうか．この2つの分数を足したものが答えなのだから，$\dfrac{1}{x} + \dfrac{1}{y} = \dfrac{x+y}{xy}$ が答えだ．2つの数の和が2で積が5であることがわかっているので，求めるべき答えはこの時点ですぐに得られる．これらの値を先の分数に代入しさえすれば $\dfrac{1}{x} + \dfrac{1}{y} = \dfrac{x+y}{xy} = \dfrac{2}{5}$ となり，問題は解けた．

問題 3.2

ローレンは11リットル缶と5リットル缶を1つずつ持っている．彼女が正確に7リットルの水を量るにはどうすればよいか．

ありがちなアプローチ

ほとんどの人は答えを推測し，2つの缶の間で水を「注いだり戻したり」することを繰り返して正しい答えを得ようとするが，これは「知的でない」推測と検証を行っているようなものである．

エレガントな解法

一方，この問題は逆向きに考えるストラテジーを用いてもっと整理して解くことができる．最終的に11リットル缶には7リットルの水が入り，4リットル分の空きがなくてはならない．しかし，4リットル分の空きはどうしたらできるのだろう（図3.1）．

4リットルを量るには，5リットル缶に1リットルの水を残さなければならない．ではどうすればそれができるだろうか．11リットル缶いっぱいに水を入れ，その水を5リットル缶に注ぎ，注いだ水を捨てたらもう一度5リットル缶に残りの水を注いで捨てる．これで11リットル缶に1リットルの水が残る．残った1リットルの水を5リットル缶に注ぐ（図3.2）．

問題 3.2   37

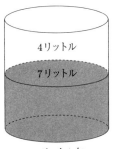

図 3.1

図 3.2

次に11リットル缶いっぱいに水を入れたら，その水を5リットル缶がいっぱいになるまで注ぐと4リットルの水が注がれるので，求められている7リットルの水が11リットル缶に残る（図3.3）．

この種の問題は必ずしも解けるとは限らないことに注意してほしい．このような問題を作りたいのであれば，与えられた2つの缶の容量の倍数の差が，求めたい量と等しくなるときにしか解くことができないことを頭に入れておかなくてはならない．この問題では，$2 \cdot 11 - 3 \cdot 5 = 7$ となっている．

このことは偶奇性の話につながる．知ってのとおり，同じ偶奇性を持つ2つの整数の和は常に偶数（すなわち，偶数 + 偶数 = 偶数，奇数 + 奇数 =

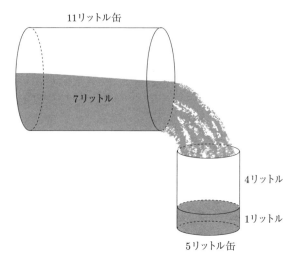

図 3.3

偶数）になるのに対し，異なる偶奇性を持つ 2 つの整数の和は常に奇数（奇数 + 偶数 = 奇数）になる．したがって，2 つの偶数が与えられた場合には，決して奇数は出てこないのである．

問題 3.3

回文数とは，前から読んでも後ろから読んでも同じになる数のことである．例えば，66, 595, 2332, 7007 はすべて回文数である．ジャックの先生は，最初の 15 個の自然数の和を求めるようクラスに指示した．ジャックは電卓を使い，1 から 15 までの数を足した．彼は答えが回文数だとわかってちょっとびっくりした．このときジャックは数を 1 個足し忘れたことに気づかなかった．ジャックが入力し忘れた数はどれか．

ありがちなアプローチ

15 個の数から 1 個省いた 14 個の数の考えられるすべての組合せを順番に試して，和が回分数になるものを見つけるのが普通のアプローチである．この

総当り的な方法は，とりわけ電卓を使う場合に有効だがとても時間がかかる．毎回2個以上の数を省いてしまうことがなければよいのだが．

エレガントな解法

まず最初の15個の自然数の和がいくつになるかを調べることで，違うアプローチをしてみよう．等差数列の和を求めるよく知られた公式 $S = \dfrac{n(n+1)}{2}$ を使うことができるが，カール・フリードリヒ・ガウス（Carl Friedrich Gauss）が10歳の時に等差数列の和を求めた極めて巧みな方法も使えるだろう．ガウスは，$1 + 2 + 3 + \cdots + 14 + 15$ というように与えられた順番に数を足していく代わりに，単純に最初の数と最後の数を足し，次に2番目の数と最後から2番目の数を足し，以下同様に足していった．そうすると，足して16になる数の組が7組できて中央に8が残るので，その和は $7 \cdot 16 + 8 = 120$ になるということを見いだしたのである．

ジャックは数を1個省いて回文数を得たから，その回文数は111であったはずだ．おそらくここで疑問に思われるのは，どうして101などのほかの回文数ではなかったのかということだろう．彼が101という結果を得たのであれば，足し忘れた1個の数は19だったということになろうが，足すべき数は1から15までなので，19は含まれていなかった．したがって，彼が足し算で省いた数は9だったことになる．

問題3.4

ズットナー夫人は娘のバーサのために昼食用のクッキーを焼いた．1日目にバーサはそのクッキーの半数を食べた．2日目には残りの枚数の半分を食べた．3日目には残りの枚数の4分の1を食べた．4日目には残りの枚数の3分の1を食べた．5日目には残りの枚数の半分を食べた．6日目には残りの1枚のクッキーを食べた．ズットナー夫人はクッキーを全部で何枚焼いたか．

40 第3章 逆向きに考える

ありがちなアプローチ

まず考えつくのは，各日に食べたクッキーの枚数を式で表すことだ．最初のクッキーの枚数を x としよう．

日	クッキーの枚数	食べた枚数	残りの枚数
1日目	x	$\dfrac{x}{2}$	$\dfrac{x}{2}$
2日目	$\dfrac{x}{2}$	$\dfrac{x}{4}$	$\dfrac{x}{4}$
3日目	$\dfrac{x}{4}$	$\dfrac{x}{16}$	$\dfrac{3x}{16}$
4日目	$\dfrac{3x}{16}$	$\dfrac{3x}{48}\left(=\dfrac{x}{16}\right)$	$\dfrac{x}{8}$
5日目	$\dfrac{x}{8}$	$\dfrac{x}{16}$	$\dfrac{x}{16}$
6日目	$\dfrac{x}{16}$	1	

$$つまり\ \frac{x}{16} = 1$$
$$x = 16$$

クッキーは最初16枚あった．

エレガントな解法

もっと効率がいいのは，逆向きに考えるストラテジーを使ったアプローチである．問題の最後からスタートして，一番最初に遡っていくと次のようになる．

　6日目に，バーサは最後の1枚のクッキーを食べたのだから，クッキーは1枚あった．
　5日目には1/2を食べたのだから，クッキーは2枚あった．

4日目には1/3を食べたのだから，クッキーは3枚あった．
3日目には1/4を食べたのだから，クッキーは4枚あった．
2日目には1/2を食べたのだから，クッキーは8枚あった．
1日目には1/2を食べたのだから，クッキーは16枚あった．

彼女が食べ始めたときクッキーは16枚あった．逆算するときは，半分にするところは2倍にしたり，足すところは引いたりして，演算を「逆に」しなければならないことに注意しよう．このプロセスのほうが簡単のようだ．

問題 3.5

多くの数学愛好家を悩ませてきたのは次のような問題だ．マリアは現在24歳である．マリアの今の年齢は，マリアが今のアナの年齢だったときのアナの年齢の2倍である．アナは今何歳か．

ありがちなアプローチ

この問題は単に方程式を1つ立てただけで答えが得られるようなものではない．もっと複雑だ．図3.4を作成することから始めよう．

	過去	現在
アナ	a	$a+x$
マリア	$24-x$	24

図 3.4

$24 = 2a$ であることから，$a = 12$ である．また，$24 - x = a + x = 12 + x$ であるから，$x = 6$ である．アナは現在18歳ということになり，マリアが18歳だったときアナは12歳だった．

エレガントな解法

この問題は逆向きに考えてアプローチするのが理に適っているかもしれな

42   第3章　逆向きに考える

い．これにより次のように進めていくこともできるだろう．

　問題文の状況には次の2つの段階がある．

1.　マリアが24歳である現在の時点
2.　n年前の時点

　そこで，$M =$（マリアの現在の年齢）$= 24$，$A =$（アナの現在の年齢），$n =$（2つの時点の差）とする．1の段階において，マリアの年齢は過去のアナの年齢の2倍であることから

$$2(A - n) = M \tag{3.1}$$

となる．2の段階において，マリアの年齢はアナの現在の年齢だったことから

$$M - n = A \tag{3.2}$$

となる．ここで方程式 (3.2) を (3.1) に代入する．

$$2(M - n - n) = M \Rightarrow n = \frac{M}{4} = \frac{24}{4} = 6 \tag{3.3}$$

$n = 6$ を (3.2) に代入すると次が得られる．

$$M - 6 = A \Rightarrow A = 24 - 6 = 18 \tag{3.4}$$

よって，アナは現在18歳である．

問題 3.6

　凸四角形の内部にある点で，そこから各頂点までの距離の和が最小になる点はどこか．

ありがちなアプローチ

　ほとんどの人はあまり深く考えることなく，各頂点までの距離の和が最小になる位置にあると思われる点を試行錯誤して探し出そうとするだろう．対

角線の交点となる点が「偶然見つかる」ことはある．答えは正しかったとしても，この方法では確かな解法とはならない．

エレガントな解法

逆向きに考えるストラテジーはかなり優れた解決策となるだろう．まず，対角線の交点を E とする凸四角形 $ABCD$ と，その各頂点までの距離の和が最小になると思われる点 P を考える．次に，図 3.5 のように点 P と四角形の各頂点を破線で結ぶ．

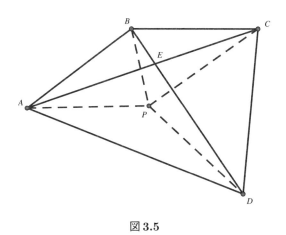

図 3.5

三角形 APC に注目すると，三角形の任意の 2 辺の和は残りの 1 辺よりも常に大きいので，$AP + PC > AC$ であることがわかる．同様に，$BP + PD > BD$ である．左辺と右辺をそれぞれ足すと，$AP + PC + BP + PD > AC + BD$ が得られる．したがって，逆向きに考えて求める点は P だろうと推測したけれども，たとえほかの任意の点を最初に選んだとしても結果は同じだったろう．よって，条件を満たす点は，対角線の交点 E だけである．

問題 3.7

方程式 $x^2 + 3x - 3 = 0$ の 2 つの根を r と s とする．このとき $r^2 + s^2$ の値

44　第3章　逆向きに考える

を求めよ.

ありがちなアプローチ

よくあるのは,実際に方程式を解いて r と s の値を求めるというアプローチである. 2次方程式 $ax^2 + bx + c = 0$ の解の公式 $x = \dfrac{-b \pm \sqrt{b^2 - 4ac}}{2a}$ を使うと

$$x = \frac{-3 \pm \sqrt{9 - 4 \cdot 1 \cdot (-3)}}{2} = \frac{-3 \pm \sqrt{21}}{2}$$

が得られる. これらの根を2乗してから和を求めなければならない.

$$r^2 = \frac{15 - \sqrt{21}}{2}$$
$$s^2 = \frac{15 + \sqrt{21}}{2}$$
$$r^2 + s^2 = 15$$

エレガントな解法

もっとエレガントな解き方をするには, 2次方程式 $ax^2 + bx + c = 0$ の2つの根の和は $-\dfrac{b}{a}$ で, 積は $\dfrac{c}{a}$ であるという初等代数学で学んだ関係を思い出す必要がある. 与えられた方程式から, 根の和は $r + s = -3$ で, 根の積は $rs = -3$ だとわかる. 先のやり方のように普通に根を求めるのではなく, 逆向きに考えるストラテジーを使って根の2乗の和を求める場合, $(r + s)^2 = r^2 + s^2 + 2rs$ であることからその和の求め方がわかるだろう. ここで, 上の方程式を $r^2 + s^2 = (r + s)^2 - 2rs$ と書き換えよう.

これにより, $r^2 + s^2 = (-3)^2 - 2(-3) = 9 + 6 = 15$ となる.

問題 3.8

マックスとサムとジャックはちょっと変わったカードゲームをしている.

このゲームでは，敗者がほかのプレーヤーにそれぞれの手持ちのお金と同額のお金を渡す．マックスは1回目のゲームで負けて，サムとジャックにそれぞれの手持ちのお金と同額のお金を渡した．サムは2回目のゲームで負けて，マックスとジャックにそれぞれの手持ちのお金と同額のお金を渡した．ジャックは3回目のゲームで負けて，マックスとサムにそれぞれの手持ちのお金と同額のお金を渡した．ここでゲームを止めることにして，この時点での彼らの所持金はちょうど8ドルずつとなっている．彼らは最初にいくらずつ持っていたか．

ありがちなアプローチ

各回のゲームを連立方程式で表すことができそうだ．次のように各々の最初の所持金を表すことから始める．

マックスの最初の所持金を x，サムの最初の所持金を y，ジャックの最初の所持金を z とする．

ゲーム	マックス	サム	ジャック
1回目	$x - y - z$	$2y$	$2z$
2回目	$2x - 2y - 2z$	$3y - x - z$	$4z$
3回目	$4x - 4y - 4z$	$6y - 2x - 2z$	$7z - x - y$

最後の回のやりとりから，それぞれの値は8だとわかる．このことから，次の3変数を含む3つの方程式

$$4x - 4y - 4z = 8 \qquad すなわち \qquad x - y - z = 2$$
$$-2x + 6y - 2z = 8 \qquad すなわち \qquad -x + 3y - z = 4$$
$$-x - y + 7z = 8 \qquad すなわち \qquad -x - y + 7z = 8$$

が得られる．

これらを連立させて解くと

$$x = 13, \quad y = 7, \quad z = 4$$

46　第3章　逆向きに考える

となる.

エレガントな解法

　この問題では最後の状況が与えられていて，最初の状況が問われていた点に注目しよう．これは逆向きに考えるストラテジーが有効となる問題を探す手がかりになるかもしれない．また問題文の状況から，ゲーム内でやりとりされているお金の総額は常に同じ（すなわち24ドル）であることがわかる．逆向きに考えることで解法がエレガントになるだろう.

	マックス	サム	ジャック	
ゲーム3回目	8	8	8	合計：24
ゲーム2回目	4	4	16	合計：24
ゲーム1回目	2	14	8	合計：24
スタート時:	13	7	4	合計：24

　マックスが最初に持っていたのは13ドル，サムが7ドル，ジャックが4ドルで，答えは前と同じだが，より簡潔明快な方法で求めることができた.

問題 3.9

　アルとスティーヴは，自然博物館での展示に向けて斑点のあるサンショウウオを種類別に分けているところである．アルは斑点が2個あるサンショウウオを展示し，スティーヴは斑点が7個あるサンショウウオを別に展示する．アルのほうのサンショウウオはスティーヴのほうのよりも5匹多い．サンショウウオの斑点は全部で100個ある．2人が展示するサンショウウオは合わせて何匹か.

ありがちなアプローチ

　この問題の性質から，一般的には代数を使って解くことになる．はじめ

に，アルが展示するサンショウウオの数を x，スティーヴが展示するサンショウウオの数を y で表す．これにより次の方程式

$$x - y = 5$$

$$2x + 7y = 100$$

が得られる．

これらを連立して解く方法は次のとおりである．

第1式の両辺を2倍すると

$$2x - 2y = 10$$

$$2x + 7y = 100$$

が得られる．

この2つの方程式の辺々を引くと

$$9y = 90, \quad すなわち \quad y = 10$$

となる．

ここで，y の値を第1式に代入すると，$x = 15$ となる．よって，アルとスティーヴが展示するサンショウウオは合わせて $15 + 10 = 25$ 匹である．この解法は全く申し分ないのだが，あまりエレガントではない．

エレガントな解法

逆向きに考えることで簡単に解けるようになるか見てみよう．求められているのは，2人の男性が展示するサンショウウオのそれぞれの数ではなく，その合計数である．つまり，上と同じ2つの方程式から，それぞれの変数を別々に求めるのではなく，$x + y$ を求めるということだ．そこで，与えられた情報からもう一度2つの方程式を立てる．

$$x - y = 5$$

$$2x + 7y = 100$$

48　第3章　逆向きに考える

ただし，今度は2つの変数の和が得られるようにする.

そのために，第1式の両辺に5を掛け，第2式の両辺に2を掛けると

$$5x - 5y = 25$$

$$4x + 14y = 200$$

となる.

これらの方程式の両辺を足すと，$9x + 9y = 225$ となり，$x + y = 25$ が得られる. この方法は一般的ではないが，ほとんどの人が予期していないことを問う問題の洗練された解き方を示している. 少し変わった解法を用いたのはこのためである.

問題 3.10

次の2つの方程式があるとき，$x + y$ を求めよ.

$$6x + 7y = 2007$$

$$7x + 6y = 7002$$

ありがちなアプローチ

2変数を含む2つの方程式を解く場合，それらを連立させて解くのが従来のアプローチである.

$$6x + 7y = 2007$$

$$7x + 6y = 7002$$

第1式の両辺に7を掛け，第2式の両辺に6を掛けると

$$42x + 49y = 14049$$

$$42x + 36y = 42012$$

となる.

これら 2 つの方程式の辺々を引くと

$$13y = -27963$$

となる.

よって $y = -2151$ が得られる.

y の値を第 1 式に代入すると

$$6x - 15057 = 2007$$
$$6x = 17064$$
$$x = 2844$$

となる.

したがって，求める和は $x + y = 2844 - 2151 = 693$ である.

エレガントな解法

この問題を逆向きに考えてみよう．与えられた 2 つの方程式を見ると，ある種の対称性が認められる．そこからもっとエレガントな解法を導くことはできないだろうか．我々が求めるべきは，この手の問いでよくあるような x と y のそれぞれの値ではなく，その和の値だけであった．そこで，上記の対称性から，最初に x の値と y の値を求めなくてもその和が得られるか見てみよう．2 つの方程式の両辺を足すと

$$6x + 7y = 2007$$
$$\underline{7x + 6y = 7002}$$
$$13x + 13y = 9009$$

となる．続いて最後の方程式の両辺を 13 で割ると $x + y = 693$ になる．このように，問題で求められていたことから逆向きに考えていくことで望む結果が得られた.

第4章

視点を変える

　数学の問題を解くのに役立つストラテジーがいろいろある中で，我々が袋小路に入り込んでしまうのを防ぐのは，つまりイライラするのを防いでくれるのは，異なる視点から問題にアプローチするストラテジーである．次に挙げる例題は，解法の簡潔さおよび劇的な差を示すという点で典型的と言えよう．この例題の場合，一般的な方法でも正答が得られるが，面倒であるし計算間違いが起こりやすくなる．では実際に見てみよう．

> 全部で25クラスある学校で，クラスごとにバスケットボールチームを作り全校トーナメントを行う．このトーナメントでは1試合負けたら即敗退となる．この学校には体育館が1つしかなく，校長は優勝チームが決まるまでにこの体育館で何試合が行われるか知りたい．

　この問題の解法としては，無作為に選んだ12チームと別の12チームが対戦し，1チームが不戦勝となるところから実際のトーナメントをシミュレーションするのが普通だろう．その後次のように勝者同士の対戦が続く．

> 任意の**12チーム**対別の任意の**12チーム**で，**12チーム**が勝ち残る．
>
> 勝った**6チーム**対別の勝った**6チーム**で，**6チーム**が勝ち残る．
>
> 勝った**3チーム**対別の勝った**3チーム**で，**3チーム**が勝ち残る．
>
> 勝った**3チーム**＋（不戦勝の）**1チーム**＝**4チーム**

52 第4章 視点を変える

2チーム対2チームで，2チームが勝ち残る.

1チーム対1チームで優勝チームが決まる.

ここで，行われた試合の数を数えると次が得られる.

出場チーム	行われた試合	勝者
24	**12**	12
12	**6**	6
6	**3**	3
3 + 1 (不戦勝) = 4	**2**	2
2	**1**	1

よって，行われた試合の合計数は

$$12 + 6 + 3 + 2 + 1 = 24$$

である.

　この解法は至極理にかなっていて，正しい方法のように思われる.

　今見てきた解法では勝者について考えたが，視点を変えて敗者について考えるほうがはるかに簡単だろう．この場合，優勝チームが決まるためには何チームが敗退しなければならなかったかと考える．それが24チームであることは明らかだ．24チームが敗退するには，試合は24回行われる必要があった．これでこの問題は解けた．別の視点から問題を考えるというのは，さまざまな状況で役立つ興味深いアプローチである.

　さらに視点を変えて，25チームのうち1チームを，あくまで便宜上ではあるが，トーナメントで優勝することが確実なプロのバスケットボールチームであると考える．残りの24チームはそれぞれプロのチームと対戦しても負けるだけだろう．先ほどと同じように，優勝チームが決まるためには24試合行う必要があることがわかる．ここからこの問題解決テクニックの力が見て取れる．それでは，視点を変えることで実に効率よく解決できるようになるさまざまな問題を解いていこう.

問題 4.1

点 P は円 O の円周上にある（図 4.1）．PA と PB は互いに直交する 2 つの直径に対して垂直である．$AB = 12$ のとき，円の面積を π を使って求めよ．

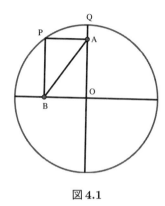

図 4.1

ありがちなアプローチ

三角形 PAB と PAB が直角三角形であることから，ほとんどの人はピタゴラスの定理を使おうとする．このアプローチでは与えられた情報が不十分でピタゴラスの定理をうまく適用することができずに行き詰まってしまう．

エレガントな解法

この問題はいろいろな方法で解くことができる．1 つは極端な場合を考える方法だ．点 P が円周上の点 Q のところにあると仮定する．そうすると AB は QO と重なる．QO は円の半径だから，円の面積は 144π となる．

また別の視点からこの問題を考えることもできる．直角が 3 つある四角形は必ず長方形である．線分 AB は図にある長方形の対角線となっている．同様に PO も同じ長方形の対角線となる．長方形の対角線は等しいので，円の半径は $PO = 12$ となることから，面積はやはり 144π となる．

54　第4章　視点を変える

問題 4.2

一般的な52枚1組のトランプを無作為に26枚ずつの2つの山に分ける。一方の山にある赤のカードともう一方の山にある黒のカードの枚数を比べるとどうなっているか。

ありがちなアプローチ

2つの山のそれぞれにある黒のカードの枚数と赤のカードの枚数を記号で表すのが典型的なアプローチ方法である。具体的には次のように表すことができる。

$$B1 = 山1にある黒のカードの枚数$$

$$B2 = 山2にある黒のカードの枚数$$

$$R1 = 山1にある赤のカードの枚数$$

$$R2 = 山2にある赤のカードの枚数$$

次に、黒のカードの総数は26枚なので $B1 + B2 = 26$ と表すことができ、山2にあるカードの総数も26枚なので $R2 + B2 = 26$ が得られる。

これら2つの方程式 $B1 + B2 = 26$ と $R2 + B2 = 26$ の辺々を引くと $B1 - R2 = 0$ となる。よって、$B1 = R2$ となり、一方の山にある赤のカードの枚数はもう一方の山にある黒のカードの枚数と等しいことがわかる。これでこの問題は解決するけれども、この解法にエレガントさはない。巧妙な解法を提示して数学が持つ力と美しさを示すことが本章のテーマである。

エレガントな解法

おそらくもっと賢いアプローチは、山1にある赤のカードをすべて抜き出し、山2にある黒のカードと入れ替えることだろう。すると一方の山は黒のカードだけになり、もう一方は赤のカードだけになる。したがって、一方の山の赤のカードの枚数ともう一方の山の黒のカードの枚数は最初から同じで

あったということだ．ちょっと視点を変えて考えれば，単純な論理で問題が解けるのである．

問題 4.3

ローエングリンは3個の輪からなるチェーンを4本与えられた（図 4.2）．4本のチェーンを環状につなげるにはどうしたらよいか．ただし開閉する輪の数は**多くても3個**までとする．

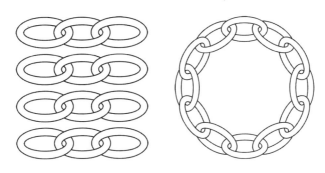

図 4.2

ありがちなアプローチ

まずは1本目のチェーンの片端の輪を開き，2本目のチェーンとつなげて6個の輪からなる1本のチェーンを作った後，3本目のチェーンの輪を1個開閉して6個の輪のチェーンとつなげ，9個の輪からなるチェーンを作って解決しようとするのが典型的だ．4本目のチェーンの輪を1個開閉して9個の輪のチェーンとつなげると，12個の輪からなるチェーンができるが，**環状にはならない**．こうしてこのよくある試みは失敗に終わるのが常である．求める結果を得るために，チェーンの組合せを変えて同様につなげてみる人もいるがこれもうまくいくまい．

56   第4章　視点を変える

エレガントな解法

　この問題には視点を変えるストラテジーがうってつけだ．実際これは極めて有益だと言ってよいだろう．各チェーンの輪を**1個**だけ開閉しようとし続ける代わりに，視点を変えて1本のチェーンの輪を**全部**開くことにしよう．それらを使って残りの3本のチェーンを環状につなげばあっという間に解決だ．

問題 4.4

　100より小さい自然数で，7で割ったら3余り，5で割ったら4余るものを求めよ．

ありがちなアプローチ

　7で割ったら3余る100より小さい自然数の集合を考えると

$$\{3,\ 10,\ 17,\ 24,\ 31,\ 38,\ 45,\ 52,\ 59,\ 66,\ 73,\ 80,\ 87,\ 94\}$$

となる．次に，5で割ったら4余る100より小さい自然数の集合を考えると

$$\{\ 4,\ \ 9,\ 14,\ 19,\ 24,\ 29,\ 34,\ 39,\ 44,\ 49,$$
$$54,\ 59,\ 64,\ 69,\ 74,\ 79,\ 84,\ 89,\ 94,\ 99\}$$

となる．

　これら2つの集合をよく見ると，両方の集合に共通する数が3つあることに気づく．すなわち，$24, 59, 94$ である．

エレガントな解法

　別の視点からこの問題を考えよう．我々が求める数は，いずれも $7n+3$ という式でも $5k+4$ という式でも表せなければならない（ここで n と k は整数である）．これら2つの性質を合わせると，求めるのは $35r+p$ という

式で表せる数ということになる（ここで r と p は整数である）．最初に出てきた $7n + 3$ で表せる数の集合は，$35r + 3$, $35r + 10$, $35r + 17$, $35r + 24$, $35r + 31$ と書き表すこともできる．これらのうち $5k + 4$ という形でも表せるのは，$35r + 24$ だけである．この関係を満たす 100 より小さい数を考えると，$r = 0, 1, 2$ のとき $24, 59, 94$ の 3 つの数が得られる．

問題 4.5

$\sqrt{5} + \sqrt{8}$ と $\sqrt{4} + \sqrt{10}$ ではどちらが大きいか．

ありがちなアプローチ

電卓はどこにでもあるので，それを使ってそれぞれの数の平方根をとり，それらの和を計算して求める答えを得ようとするのは当然のことである．これは比較的効率のよい方法ではあろうが，我々が考えるエレガントな解法ではない．

エレガントな解法

では視点を変えてアプローチするとしよう．これらの和をそれぞれ 2 乗し，比較できる形になるか確かめる．

$$\left(\sqrt{5} + \sqrt{8}\right)^2 = 5 + 2\sqrt{40} + 8 = 13 + 2\sqrt{40}$$
$$\left(\sqrt{4} + \sqrt{10}\right)^2 = 4 + 2\sqrt{40} + 10 = 14 + 2\sqrt{40}$$

こうなれば答えはもう明らかだ．$\sqrt{4} + \sqrt{10}$ のほうが大きい．

問題 4.6

$\dfrac{7n + 15}{n - 3}$ が非負の整数となるような正の整数の値 n をすべて求めよ．

58   第4章　視点を変える

ありがちなアプローチ

すぐに考えつくのは，n にさまざまな値を当てはめて整数の結果が得られるのはどれか見てみることである．例えば，$n = 4$ とすると，$\frac{43}{1}$ となり整数になる．このアプローチで n の値がいくつか得られるとしても，それで**全部**かどうかどうしてわかるのか．ほとんどの場合このアプローチでは答えとなりうるすべての値は得られない．

エレガントな解法

視点を変えるストラテジーを使おう．まずは実際にこの割り算をしてみよう．

$$
\begin{aligned}
\frac{7n + 15}{n - 3} &= \frac{7n - 21 + 36}{n - 3} \\
&= \frac{7n - 21}{n - 3} + \frac{36}{n - 3} \\
&= \frac{7(n - 3)}{n - 3} + \frac{36}{n - 3} = 7 + \frac{36}{n - 3}
\end{aligned}
$$

この値が 0 以上の整数であるためには，$n - 3$ は 36 の約数でなければならない．36 の約数は，1, 2, 3, 4, 6, 9, 12, 18, 36 である．したがって次のようになる．

$n - 3$ の値	対応する n の値
1	4
2	5
3	6
4	7
6	9
9	12
12	15
18	21
36	39

ゆえに $\dfrac{7n+15}{n-3}$ が非負の整数となるような n の値は，4, 5, 6, 7, 9, 12, 15, 21, 39 である．

問題 4.7

10 人の宮廷宝石職人は，国王顧問のサックス氏に金貨を 1 人ひと山ずつ渡した．どの山も 10 枚の金貨が積み重ねられている．正規の金貨の重さは 1 枚 1 オンスだが，金貨の端をちょうど 0.1 オンス分削り落とした「軽い」金貨を積み重ねた山が 1 つだけあった．サックス氏は，はかりを 1 回だけ使って「軽い」金貨の山を特定し，悪徳宝石職人を割り出したいのだが，どのようにしたらよいか．

ありがちなアプローチ

金貨の山を無作為に 1 つ選んでそれを量ることから始めるのが普通の方法だが，この試行錯誤法では 10 回に 1 回の確率でしか正解の山を見つけることができない．これに気づいた人は，あらためて推論により問題を解いてみるかもしれない．まず全部が正規の金貨なら，総重量は 10×10，すなわち 100 オンスになるだろう．削られた金貨 10 枚はいずれも軽いので 10×0.1，すなわち 1 オンス不足することになる．ひと山全体の不足量から考えてみたところで，削られた金貨の山が 1 つ目の山，2 つ目の山，3 つ目の山，そのほかのどれであっても 1 オンスの不足が生じるため埒があかない．

エレガントな解法

別の方法でデータを整理して解いてみよう．削られた金貨がどの山から取られたかわかるように不足量に変化をつける方法を見つけなければならない．金貨の山に 1 番，2 番，3 番，4 番，...，9 番，10 番とラベルをつける．そして 1 番の山から金貨を 1 枚取り，2 番の山から 2 枚，3 番の山から 3 枚，4 番の山から 4 枚と取っていく．すると取り出した金貨は全部で

60　第4章　視点を変える

$1 + 2 + 3 + 4 + \cdots + 8 + 9 + 10 = 55$ 枚になる．すべて正しい金貨なら総重量は55オンスになるだろう．もし0.5オンス足りなければ，軽い金貨は5枚ということで，5番の山から取られたことがわかる．0.7オンス足りなければ，軽い金貨は7枚ということで，7番の山から取られたことがわかり，ほかの場合も同様である．このようにして，サックス氏は軽い金貨の山をすぐに特定して金貨を削った宝石職人を見つけ出すことができる．

問題 4.8

あるファストフード店では，チキンナゲットが7個入りの箱と3個入りの箱で販売されている．買うことができない個数の最大数はいくつか．

ありがちなアプローチ

買えない個数がなくなるところまで実際に7と3をいろいろ組み合わせていくことで答えを見つけてみる．

ナゲットの数		
1	買えない	
2	買えない	
3	買える	1×3
4	買えない	
5	買えない	
6	買える	3×3
7	買える	1×7
8	買えない	
9	買える	3×3
10	買える	1×7 と 1×3
11	買えない	
12	買える	4×3
13	買える	2×3 と 1×7
14	買える	2×7

（次頁へ続く）

問題 4.9   61

（前頁の続き）

ナゲットの数		
15	買える	5×3
16	買える	3×3 と 1×7
17	買える	1×3 と 2×7
18	買える	6×3
19	買える	4×3 と 1×7
20	買える	2×3 と 2×7
21	買える	7×3 か 3×7
22	買える	5×3 と 1×7

買うことができないナゲットの最大数は 11 個のようだ．ここから先は 3 か 7 をさらに足していけばよい．

エレガントな解法

ここで，数学のある考え方を用いることにしよう．その考え方はなかなかエレガントで，読者はきっとなぜそれが正しいのだろうかと思い，さらに調べてみようという気になるだろう．それは「チキンマックナゲットの定理」と呼ばれるよく知られた定理で，マクドナルドがチキンマックナゲットを a 個入りまたは b 個入りの箱で販売するとき（ここで，a と b は共通の約数を持たないとする），買うことができないマックナゲットの最大数は $ab - (a+b)$ 個であるというものである．例えば，8 個入りと 5 個入りの箱で販売される場合，買うことができない最大数は $8 \cdot 5 - (8+5) = 40 - 13 = 27$ 個となる．

元の問題の場合，買うことができない最大数は $3 \cdot 7 - (3+7) = 21 - 10 = 11$ 個である．

問題 4.9

次の式を簡単にせよ．

(a)
$$\frac{729^{35} - 81^{52}}{27^{69}}$$

62　第4章　視点を変える

(b)
$$\frac{6 \cdot 27^{12} + 2 \cdot 81^9}{8000000^2} \cdot \frac{80 \cdot 32^3 \cdot 125^4}{9^{19} - 729^6}$$

ありがちなアプローチ

電卓を使って式の値を求めたくなるかもしれないが，電卓の性能が追いつかず，結果が「エラー」となることは多い．

エレガントな解法

別の視点からこの問題にアプローチしていこう．最初の式は，3のべき乗の形にすることで次のように実にうまく値を求めることができる．

(a)
$$\frac{729^{35} - 81^{52}}{27^{69}} = \frac{(3^6)^{35} - (3^4)^{52}}{(3^3)^{69}}$$
$$= \frac{3^{210} - 3^{208}}{3^{207}} = \frac{3^{208} \cdot (3^2 - 1)}{3^{207}} = 3 \cdot 8 = 24$$

次の式は，各数を素因数に分解することで簡単な形にできる．

(b)
$$\frac{6 \cdot 27^{12} + 2 \cdot 81^9}{8000000^2} \cdot \frac{80 \cdot 32^3 \cdot 125^4}{9^{19} - 729^6}$$
$$= \frac{2 \cdot 3 \cdot (3^3)^{12} + 2 \cdot (3^4)^9}{(3^2)^{19} - (3^6)^6} \cdot \frac{2^4 \cdot 5 \cdot (2^5)^3 \cdot (5^3)^4}{(2^3 \cdot 2^6 \cdot 5^6)^2}$$
$$= \frac{2 \cdot 3^{37} + 2 \cdot 3^{36}}{3^{38} - 3^{36}} \cdot \frac{2^{19} \cdot 5^{13}}{2^{18} \cdot 5^{12}} = \frac{2 \cdot 3^{36}(3 + 1)}{3^{36}(3^2 - 1)} \cdot 2 \cdot 5$$
$$= \frac{2(3 + 1)}{3^2 - 1} \cdot 2 \cdot 5 = 10$$

問題 4.10

ヴォルフガングとルートヴィヒはそれぞれ100ユーロ未満の非負の整数の金額のお金を持っている．彼らが所持金を数えると，ヴォルフガングの所持

金の 4 分の 3 とルートヴィヒの所持金の 3 分の 2 が等しいことがわかった.
2 人が持つことのできる金額はそれぞれ最大何ユーロか.

ありがちなアプローチ

まず考えつくのは代数を使う方法だ. 2 変数の方程式を 1 つ立てることができる. ヴォルフガングが持っている金額を W, ルートヴィヒが持っている金額を L で表すと, 次の方程式が立てられる.

$$\frac{3W}{4} = \frac{2L}{3}$$

これに 12 を掛けると $9W = 8L$ となる. W の値を求めると

$$W = \frac{8L}{9}$$

となる.

彼らはそれぞれ非負の整数の金額のお金を持っているので, ルートヴィヒは 9 の倍数の額, 例えば 9, 18, 27, 36, ..., 99 ユーロといった金額を持っているはずである. ここでこれらの数を順々に見ていけば, ルートヴィヒが持っている金額を求めることができる. ルートヴィヒが持つことのできる最大の金額は 11×9 すなわち 99 ユーロ (100 ユーロ未満) である. ルートヴィヒの所持金の $\frac{2}{3}$ (66 ユーロ) はヴォルフガングの所持金の $\frac{3}{4}$ と同じであるから, ルートヴィヒの所持金が 99 ユーロであるのに対して, ヴォルフガングの所持金は, $\frac{4}{3} \times 66 = 88$ ユーロである.

エレガントな解法

算術を使って違う視点からアプローチしよう. ヴォルフガングの所持金の $\frac{3}{4}$ はルートヴィヒの所持金の $\frac{2}{3}$ と等しいので, 分子が同じになる同値分数を探すことにする.

ヴォルフガング：$\dfrac{3}{4} = \left[\dfrac{6}{8}\right] = \dfrac{9}{12}$

ルートヴィヒ：$\dfrac{2}{3} = \dfrac{4}{6} = \left[\dfrac{6}{9}\right]$

　ヴォルフガングが8ユーロ，ルートヴィヒが9ユーロ持っているとき，上の2つの分数に相当する数は等しくなる，すなわちどちらも6ユーロになるだろう．ということは，8と9に同じ数を掛けたものが答えに違いない．よって，ルートヴィヒが持つことのできる最大の金額は11×9すなわち99ユーロで，ヴォルフガングのほうは11×8すなわち88ユーロとなる．

　答えを確かめてみよう．88ユーロの$\dfrac{3}{4}$は66ユーロであり，99ユーロの$\dfrac{2}{3}$も66ユーロである．

問題 4.11

　図4.3の長方形 $AEFK$ において，縦の長さは $AK = 8$ で，横の長さ AE は4分割され，辺 $AB = 1$, 辺 $BC = 6$, 辺 $CD = 4$, 辺 $DE = 2$ である．影の付いた4つの三角形の面積を求めよ．

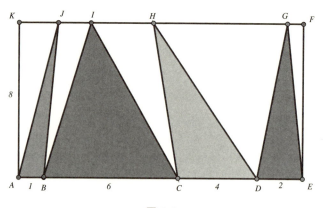

図 4.3

ありがちなアプローチ

4つの三角形の面積をそれぞれ求めて合計するアプローチがすぐに思いつく．4つの三角形の高さはどれも AK の長さ8に等しい．したがって，4つの三角形の面積は

$$\triangle ABJ = \frac{1}{2} \cdot 1 \cdot 8 = 4$$

$$\triangle BCI = \frac{1}{2} \cdot 6 \cdot 8 = 24$$

$$\triangle CDH = \frac{1}{2} \cdot 4 \cdot 8 = 16$$

$$\triangle DEG = \frac{1}{2} \cdot 2 \cdot 8 = 8$$

で，これらの面積の和は，$4 + 24 + 16 + 8 = 52$ 平方単位である．

エレガントな解法

視点を変えるストラテジーを使って解くことができる．どの三角形も高さは同じ8であり，4つの三角形の底辺の合計は，長方形の長辺の長さと等しく13である．よって，影の付いた4つの三角形の面積は長方形の面積の半分，すなわち $\frac{1}{2} \cdot 13 \cdot 8 = 52$ である．

問題 4.12

1から9までの数字を使ってできる数で，左から順に数字が大きくなる数はいくつあるか．

ありがちなアプローチ

ほとんどの人は，何らかのパターンが現れるか確かめようと試行錯誤して，1桁の数，2桁の数，3桁の数と数を桁数別に並べるだろう．これを慎重に行えば正解にたどり着けるかもしれないが，かなり退屈そうだ．

66 第4章 視点を変える

エレガントな解法

まずここで使える整数の集合 $\{1, 2, 3, 4, 5, 6, 7, 8, 9\}$ を考えよう．この集合の空集合以外の任意の部分集合から，求めたい数の1つができる．例えば，部分集合 $\{3, 5, 7, 9\}$ からは，3579ができる．とすると，この9つの数字の集合の部分集合はいくつあるかということが問題になる．それは $2^9 = 512$ 個ある．ただし空集合も数えてしまっているので，それを引かなければならない．したがって，左から順に数字が大きくなるという要件を満たす数ができる9つの数字の部分集合は $2^9 - 1 = 511$ 個である．

問題 4.13

図4.4で，二等辺三角形は無限個の円を含んでおり，どの円も二等辺三角形の長さの等しい2辺および隣り合う円に接していて，一番の下の円はこの三角形の底辺にも接している．二等辺三角形の辺はそれぞれ13, 13, 10である．これらの円の周の長さの和を求めよ．

ありがちなアプローチ

面倒に思えるけれども，一つ一つ円の円周の長さを求めて合計を出すというのがよくあるアプローチだ．計算は非常に複雑になるだろうが，注意深く行えば正解にたどり着けるかもしれない．

エレガントな解法

視点を変えるストラテジーを使おう．ピタゴラスの定理から，この二等辺三角形の高さは12であることがわかる．円は無限個あるので，それらの直径の和は二等辺三角形の高さに等しい．したがって，各円の周の長さの和は直径に π を掛けた 12π である．

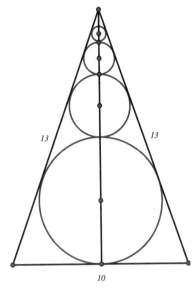

図 4.4

問題 4.14

22^7 を 123 で割るときの最小の非負の剰余を求めよ．

ありがちなアプローチ

残念ながら，実際にかなりの時間をかけて計算して 22^7 という大きい数の値を求め，それを 123 で割って余りを出してみるというのが一般的なアプローチであろう．

エレガントな解法

別の視点から考えてみよう．22^7 を指数を含まない形ではなく，まず指数乗の項の積の形に展開することにしよう．すると次のように表せる．

68 第4章 視点を変える

$$22^7 = (2^7)(11^7)$$
$$= (2^7)(11^2)(11^2)(11^2)(11)$$
$$= (123 + 5)(123 - 2)(123 - 2)(123 - 2)(11)$$

ここで思い出しておきたいのが，例えば $123 + s$ と $123 + t$ という 2 つの 2 項式があるとき，その積は次のとおり $123k + st$ と等しいということである．

$$(123 + s)(123 + t) = 123^2 + 123s + 123t + st$$
$$= 123(123 + s + t) + st = 123k + st$$

したがって，上記より

$$123n - 440 = 123n - 492 + 52 = 123(n - 4) + 52$$

が得られる．

よって，22^7 を 123 で割ったときの余りは 52 である．

問題 4.15

アメリカンフットボールでは，セーフティで 2 点，フィールドゴールで 3 点，タッチダウンで 7 点の得点となる．セーフティによる 2 点の得点をなくすと，3 点と 7 点の 2 種類の得点だけになる．この試合で獲得することができない点数のうち最も高い点は何点か．

ありがちなアプローチ

すぐ思いつくのは，これ以上高い得点はないと確信できるまで考えられるすべての点数を書き出すアプローチである．しかし，その確信はどうしたら得られるのだろうか．

エレガントな解法

視点を変えるストラテジーを使ってこの問題を解くことができる．獲得で

きない点数を考えるのではなく，獲得できる点数に目を向けよう．フィールドゴールで獲得できる点数は，3, 6, 9, 12, 15, ... である．タッチダウンで獲得できる点数は，7, 14, 21, 28, ... である．ほかの点数は，それまでの点数にフィールドゴールまたはタッチダウンの得点を加えることで得られることになる．このことから，獲得できない点数は1, 2, 4, 5, 8, 11 となる．次からわかるように，12点以降はいずれも獲得可能である．

$$12 = 4 \cdot 3 \qquad\qquad 15 = 5 \cdot 3 \qquad\qquad 18 = 6 \cdot 3$$

$$13 = (2 \cdot 3) + (1 \cdot 7) \qquad 16 = (3 \cdot 3) + (1 \cdot 7) \qquad 19 = (4 \cdot 3) + (1 \cdot 7)$$

$$14 = 2 \cdot 7 \qquad\qquad 17 = (1 \cdot 3) + (2 \cdot 3) \qquad 20 = (2 \cdot 3) + (2 \cdot 7)$$

よって，獲得できない点数で最も高いのは11点である．

おもしろいことに，この状況に適用される純粋な数学の定理がある．

2つの互いに素な数（a と b）があるとき，獲得できない点数で最も高い点数は，それらの積から和を引いた数 $(a \cdot b) - (a + b)$ であるというものだ．この問題の場合，$(7 \cdot 3) - (7 + 3)$ すなわち $21 - 10 = 11$ となる．

問題 4.16

6!（「6 の階乗」と読む）は，$6 \cdot 5 \cdot 4 \cdot 3 \cdot 2 \cdot 1 = 720$ のことである．これを踏まえ

$$\frac{100! - 99! - 98!}{100! + 99! + 98!}$$

の値を求めよ．

ありがちなアプローチ

まず思いつくアプローチは，階乗の表現をすべて掛け算の形に直し，電卓やコンピューターを使って実際に計算して結果を求めることである．これで答えは得られるとしても，煩雑な計算を繰り返さなければならない．

70　第4章　視点を変える

エレガントな解法

　視点を変えるストラテジーを使おう．どの階乗にも 98! という共通因数があるので，$100! = 100 \cdot 99 \cdot 98!$，$99! = 99 \cdot 98!$ と書き表すことができる．したがって，

$$
\begin{aligned}
\frac{100! - 99! - 98!}{100! + 99! + 98!} &= \frac{98!(100 \cdot 99 - 99 - 1)}{98!(100 \cdot 99 + 99 + 1)} \\
&= \frac{(100 \cdot 99 - 99 - 1)}{(100 \cdot 99 + 99 + 1)} = \frac{9800}{10000} = \frac{49}{50}
\end{aligned}
$$

が得られる．これが複雑そうに見えたこの問題の答えである．

問題 4.17

　450 をある奇数で割ると商が素数で余りがゼロになる．その奇数を求めよ．

ありがちなアプローチ

　商に素数が現れるまで 450 を連続した奇数 $(1, 3, 5, \ldots)$ で順次割っていくのがよくあるアプローチだ．最終的に答えは得られるが，長い時間がかかるかもしれない．

エレガントな解法

　視点を変えるストラテジーを使うことができる．450 は，$2 \cdot 3^2 \cdot 5^2$ というとても簡単な形で書き表せる．3^2 と 5^2 は共に奇数であり，450 は言うまでもなく偶数であるから，残る 2 は 450 の考えられる唯一の偶数かつ素因数である．よって，求める奇数は $3^2 \cdot 5^2 = 225$ である．

問題 4.18

　1,000,000 には積が 1,000,000 になる 2 つの約数の組合せがたくさんある

が，0を全く含まない組合せは1組しかない．その1組の約数を求めよ．

ありがちなアプローチ

積が1,000,000になる2つの数の組合せをいろいろ試して，0が含まれないものを探すのが普通のアプローチである．$1 \times 1{,}000{,}000$, $2 \times 500{,}000$ というように試していくことができるが，かなりの時間がかかることは間違いない．何しろ，1,000,000の約数の試すべき組合せは非常に多い．

エレガントな解法

1,000,000を別の角度から見てみよう．1,000,000は10^6と表すことができる．10^6はさらに，$(2 \times 5)^6 = 2^6 \times 5^6$と表すことができる．これにより，0を含まない1,000,000の2つの約数，$2^6 = 64$と$5^6 = 15{,}625$が得られる．1,000,000のほかのどの2つの約数の組合せにも0が最低1個は必ず含まれることになる．なぜなら，2と5という約数が掛け合わされると10の倍数になって0で終わる数になってしまうからだ．

第5章

極端な場合を考える

　ある問題を解決する手がかりを得るために，一部の変数について，ほかは一定に保ったまま，極端な場合を考えることがある．変数に関する特殊な条件が定められていなければ，そこから何かわかるかもしれない．実生活においてほとんどの人はこのストラテジーを無意識に使っている．ある状況について何らかの決定をする際，我々は「起こりうる最悪の事態は何か」と自問する．この「最悪のシナリオ」は極端な場合を考える一例だが，そうすることで問題がとてもうまく解決できることはめずらしくない．同様に，例えば洗濯洗剤の新製品をテストしてほしいと頼まれたとする．その場合，冷たい水でも熱いお湯でもテストしてみなければならないだろう．両極端な状態を考慮することで，このテストは価値あるものになる．極端に異なる2つの温度でよい結果が出れば，その間の温度でもよい結果が出るはずだ．

　問題解決において極端を考えることは，反直感的になる場合がある．例を挙げよう．A地点からB地点まで暴風雨の中を移動するには，走っていくのがよいのかそれともゆっくり歩いていくのがよいのかという疑問が浮かんだとき，よく思い出されるのは，暴風雨の中でスピードを出して車を運転するとフロントガラスが水浸しになるが，ゆっくり運転するとそれほど水が溜まらないことである．これはつまり暴風雨の中を走っていくほうがよいということを意味しているのだろうか，それともそうではないのか．極めてゆっくり歩くと暴風雨の中にいる時間は長くなるという極端な状況を考えると，すなわち歩く速度を例えばゼロと考えると，我々はびしょ濡れになるだろう．したがって，速く移動するほど比較的濡れずに済むことになる．こうして，

74　第 5 章　極端な場合を考える

極端を考えることにより問題が解決できた.

　この極端な場合を考えるストラテジーが解決に役立つ問題を見てみよう.

> 地方郵便局内に並んで設置されている 40 個の私書箱には毎朝郵便
> 物が届く. ある日郵便局長は 121 通の郵便物をこれらの私書箱に
> 配った. 局長は配り終えたとき, 1 個の私書箱にほかのどの私書箱
> よりも多くの郵便物が届いたのに気づいて驚いた. その私書箱には
> 少なくとも何通の郵便物が届いたか.

　この問題では, 上記の 1 個の私書箱に届いた可能性のある郵便物の最も少
ない数が求められているので, 次のような極端な状況を考えることができ
る. 郵便物をできるだけ均等に分散させることにしよう. すべての私書箱に
は同じ数の手紙が入れられるとする. これは極端な状況であり, 1 個の私書
箱にすべての手紙が入れられるのが対極の状況だろう. 手紙が均等に配られ
ると, 各私書箱に入れられる手紙の数は $120 \div 40 = 3$ から 3 通になる. そし
て残る 1 通の手紙を配ると 1 個の私書箱だけ手紙の数が 4 通になり, これが
一番多い数となる. 1 個の私書箱に入れられる手紙の最も少ない数でなおか
つほかより多い数は 4 ということになる.

　この問題解決テクニックをもう少し練習するためにもう 1 問, 今度は統計
的な要素を含んだ問題を考えよう.

> クラリッサは 5 つの非負の整数を書き留めた. 彼女はそれらの最頻
> 値が 12 で中央値が 14 であることに気がついた. 全部の数の平均
> (算術平均) は 16 で, そのうち 1 つは中央値よりも 5 大きい. クラ
> リッサが書き留めた 5 つの数は何か.

　極端な場合を考えるストラテジーを使おう. 最頻値は 12 だったので, 最
悪のシナリオ (スコアの数の最小値) は 12 が 2 個あった場合になる. 中央
値すなわち中央のスコアが 14 だったことはわかっている. 1 つの数は中央
値より 5 大きかったので, $14 + 5$ すなわち 19 であったに違いない. ここま
ででわかっている数は

$$12, \ 12, \ 14, \ 19$$

である.

　算術平均は，5つの数を全部足してその合計を5で割ることにより求められる．平均スコアは16なので，5つの数の合計は$16 \times 5 = 80$である．今までのところ，$12 + 12 + 14 + 19 = 57$が得られている．欠落している数は$80 - 57 = 23$に違いない．クラリッサが書いた5つの数は，12, 12, 14, 19, 23であった．12が2個あったとする極端な場合から始めることがいかに重要だったかに注目してもらいたい.

　このストラテジーを使うにあたって注意点がある．極端な場合を考えるときには，ほかの変数に影響を及ぼしたり，問題の本質を変化させるような変数は変えないように気をつけなければならない．本章で取り上げる問題は，このストラテジーが使える状況の見極めにきっと役立つだろう.

問題 5.1

　1台の車がハイウェイを時速55マイルの一定速度で走行している．ドライバーはちょうど$\frac{1}{2}$マイル後ろを走る車に気がついた．この2台目の車はちょうど1分後に1台目の車を追い越す．2台目の車の走行速度は一定であると仮定したとき，その速度を求めよ.

ありがちなアプローチ

　この種の問題を解く手段として多くの教科書に載っている「速さ × 時間 ＝ 距離」の表を作成するのが従来の方法である．この表を作成すると次のようになる.

速さ × 時間 ＝ 距離		
55	$\frac{1}{60}$	$\frac{55}{60}$
x	$\frac{1}{60}$	$\frac{x}{60}$

$$\frac{55}{60} + \frac{1}{2} = \frac{x}{60}$$
$$55 + 30 = x$$
$$x = 85$$

ゆえに2台目の車の走行速度は時速85マイルであった．

エレガントな解法

極端な場合を考えるストラテジーを使ったアプローチもできるだろう．1台目の車は極端にゆっくり，すなわち時速0マイルで走っていると仮定する．その場合，2台目の車は1分間に$\frac{1}{2}$マイル走ると1台目に追いつく．したがって，2台目の車は時速30マイルで走らなければならない．1台目の車が時速0マイルで走っているとき，2台目は1台目より時速30マイル速く走っている．それに対し，1台目が時速55マイルで走っていれば，2台目は時速85マイルで（もちろん制限速度内で）走っているに違いない．

問題5.2

図5.1のような平行四辺形$ABCD$と$APQR$がある．点Pは辺BC上にあり，点Dは辺RQ上にある．平行四辺形$ABCD$の面積が18のとき，平行四辺形$APQR$の面積を求めよ．

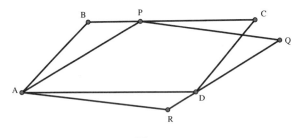

図5.1

ありがちなアプローチ

これは決して易しい問題ではない．これを解くためにまずやってみることは合同関係を探すことだろう．合同であれば面積が等しいことになる．しかしこの方法はうまくいかない．変わっているというかむしろ賢い方法は，図5.2に示すように線分 PD を引くことである．

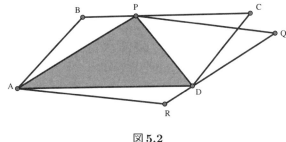

図 5.2

三角形 APD は，2つの平行四辺形のそれぞれと底辺と高さを共有していることから，面積がそれぞれの半分であるとみなせる．これはこの難問に対するなかなか巧みなアプローチではあるが，もっとエレガントな方法がある．

エレガントな解法

問題文には点 P は辺 BC 上にあるとだけ書かれていて，その辺のどこにあるかは書かれていない．そのため極端な場合を考えることができる．点 P は B の位置にとることもできただろうし，辺 RQ 上にあるべき点 D も同様に R の位置にとることができただろう．この状況は間違いなく問題文に沿っており，このとき2つの平行四辺形は重なるだろうから，結果として面積は同じになる．よって，平行四辺形 $APQR$ の面積は 18 である．

問題 5.3

新しいハイウェイの1番出口から20番出口までの総距離は140マイルで

78 第5章 極端な場合を考える

ある．どの2つの出口も最低7マイル離れているもとのする．隣接する任意の2つの出口の間の最大距離を求めよ．

ありがちなアプローチ

よくあるのは，最大値を見つけようとして数をいろいろ組み合わせてみるアプローチだが，もっとよい方法があるはずだ．

エレガントな解法

極端な場合を考えるストラテジーを使おう．まず，1番出口と20番出口の間には「間隔」が19個ある．どの2つの出口も最低7マイル離れていなければならないので，1個の間隔を除きすべての間隔が7マイルであるという極端な場合を考えるとしよう．すると18個の間隔の最小合計距離は $18 \times 7 = 126$ マイルになる．これにより $140 - 126 = 14$ マイルが隣接する任意の2つの出口の間の最大距離として残る．なぜかと言うと，その任意の2つの出口の距離が14マイルを超えると，ほかのすべての出口の間隔を7マイルにするだけの距離を確保できなくなってしまうからである．

問題 5.4

1リットルの瓶が2本ある．1本には赤ワインが半分入っていて，もう1本には白ワインが半分入っている．白ワインの瓶に赤ワインをテーブルスプーン1杯入れ，2色のワインをよく混ぜる．その後この（赤ワインと白ワインの）混ぜ物を赤ワインの瓶にテーブルスプーン1杯入れる．

白ワインの瓶に入っている赤ワインの量と赤ワインの瓶に入っている白ワインの量はどちらが多いか．

ありがちなアプローチ

例えばテーブルスプーンなど，問題文にある問題の本質とは無関係かもし

れない情報を使って解こうとするアプローチがよくある．多少の運のよさと器用さがあれば正解が得られるかもしれないが，容易なことではないし，説得力がない場合が多いだろう．

エレガントな解法

テーブルスプーンには大小あるので，スプーンの大きさは大した問題ではないことがわかる．そこで，非常に大きいテーブルスプーンを使うと仮定しよう．それも半リットル入るほどの巨大なスプーンだ．これは極端な場合を考えることになる．半リットルの赤ワインを白ワインの瓶に注いだら，赤ワイン50%，白ワイン50%の混ぜ物ができる．2種類のワインを混ぜ合わせた後，その混ぜ物を半リットルの容量のスプーン1杯分取って赤ワインの瓶に注ぎ戻す．今両方のボトルには同じ混ぜ物が入っている．したがって，白ワインの瓶に入っている赤ワインの量と赤ワインの瓶に入っている白ワインの量は同じであると結論づけることができる．

問題 5.5

7桁の数 $1,2\_\_,\_\_6$ が3つの連続した数の積と等しくなるように下線部に当てはまる数字を答えよ．また，その3つの連続した数も求めよ．

ありがちなアプローチ

下線部に当てはまる数字を運よく当てられるかもしれないと期待して，いろいろな数を推測し検証することから始めることはできるだろうが，うまくいく可能性は極めて低い．

エレガントな解法

その代わりに極端な場合を考えるストラテジーを使おう．考えられる最小の数は1,200,006で，最大の数は1,299,996である．探している答えは3つの

連続した数の積だから，3つの数の大体の大きさを知るためにこれら両極値の3乗根をそれぞれ調べてみよう．

1,200,006の3乗根はおよそ106で，1,299,996の3乗根はおよそ109である．これにより選択肢は大幅に限定される上，問題の数の一の位にはすでに6が入っているので，3つの連続した数は1, 2, 3 または6, 7, 8 で終わるものでなければならない．なぜならこれらの積の一の位は6になるからだ．以上2つの手がかりから，求める数は106, 107, 108 であることがすぐにわかる．その積は1,224,936であり，これで問題は解けた．

問題 5.6

図5.3のように，縦と横の辺の長さがそれぞれ8インチと12インチの長方形 $ABCD$ がある．この長方形の影が付いた部分の面積を求めよ．

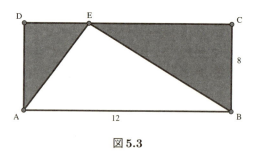

図 5.3

ありがちなアプローチ

問題文のとおり影が付いた領域の面積を求める代わりに，視点を変えて影が付いていない領域の面積を求めて長方形の面積から引くというアプローチが一般的である．影が付いていない三角形は，底辺 $AB = 12$ インチ，高さ $BC = 8$ インチなので，面積は $\frac{1}{2} \cdot 12 \cdot 8 = 48$ 平方インチである．長方形の面積は $12 \cdot 8 = 96$ 平方インチであるから，影が付いた領域の面積は単純に $96 - 48 = 48$ 平方インチである．

エレガントな解法

上と同じストラテジーを用いた別のアプローチもある．点 E の正確な位置は定められていないので，極端な場合を考えるストラテジーを使い，図 5.4 のように点 E を C の位置にとることができる．

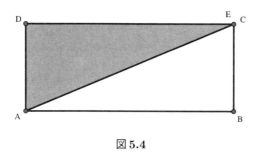

図 5.4

ここで，AC は長方形の対角線であるから長方形を 2 等分する．したがって，影が付いた部分の面積は長方形の面積のちょうど半分なので，48 平方インチである．

長方形 $ABCD$ が平方四辺形であったとしても同じ方法を使えたことに留意されたい．その場合最初はもう少し難しくなっていたかもしれないが，同様に解けるだろう．

問題 5.7

ジョージ・ワシントン・ハイスクールの事務室には先生用のレターボックスが 50 個ある．ある日先生たち宛の手紙が 151 通届いた．任意の 1 人の先生が**確実に**受け取る手紙の最大数を求めよ．

ありがちなアプローチ

何も疑わずに問題に取り組む人は，たいていこのような問題にどこから手をつけたらいいかわからず「手探り状態」に陥りがちだ．ここで推測・検証法が役に立つかもしれないが，納得のいく答えには至らないだろう．

エレガントな解法

この手の問題では極端な場合を考えるとよい．1人の先生が配達されたすべての手紙を受け取ることも当然あり得るが，**確実**なことではない．この状況をうまく判断するために郵便物ができる限り均等に配達されるという極端な場合を考えよう．この場合，すべての先生が郵便物を3通ずつ受け取ることになり，そのうち1人の先生だけが151通目の郵便物を受け取らなければならないだろう．したがって，任意の1人の先生が**確実**に受け取る郵便物の最大数は4通である．

問題 5.8

M は $\triangle ABC$ の辺 AB の中点で，P は AM 上の任意の点である(図5.5)．点 M を通り PC に平行な直線は BC と D で交わる．$\triangle BDP$ の面積は $\triangle ABC$ の面積のどのくらいを占めるか．

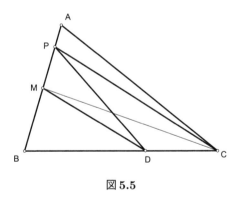

図 5.5

ありがちなアプローチ

三角形の中線は面積を2等分することから，$\triangle BMC$ の面積は $\triangle ABC$ の面積の半分である．($\triangle BMC$ の面積) = ($\triangle BMD$ の面積) + ($\triangle CMD$ の面積) = ($\triangle BMD$ の面積) + ($\triangle MPD$ の面積) であり，ゆえに

$$(\triangle BPD \text{ の面積}) = \frac{1}{2} (\triangle ABC \text{ の面積})$$

となる．これは，底辺が共通な 2 つの三角形の頂点が底辺に平行な直線上にあるときそれらの面積は等しいという性質に基づいている．

エレガントな解法

この問題は，極端な場合を考えるストラテジーを注意深く用いることでずいぶん簡単になる．点 P を極端な位置，すなわち M か A のいずれかにとろう．ここでは点 P を A にとることにする．点 P が BA に沿って A に移動するにつれ，PC と平行でなければならない MD もまた移動し，D が BC の中点に近づくことに注意しよう．D の最終的な位置において AD は $\triangle ABC$ の中線になる．よって，三角形の中線はその三角形を面積が等しい 2 つの三角形に分割するので，$\triangle PBD$ の面積は $\triangle ABC$ の面積の半分である．

この極端な場合を考える解法は，ある点を極端な位置に動かすときにはあらゆる動きに気をつけなければならないという興味深い例を示している．

問題 5.9

1 辺の長さが 4 インチの 2 つの合同な正方形があり，一方の正方形の 1 つの頂点がもう一方の正方形の重心に位置している．重なり合う部分の面積の最小値を求めよ（図 5.6）．

ありがちなアプローチ

まず思いつくのは 2 つの正方形を描くアプローチだ．実際に正方形を原寸に比例して描き，その結果を測る人もいるかもしれない．観察する形はいびつなので，面積の測定は難しいだろう．

補助線を引くという別のアプローチもよくある．線分 BM と CM を引くと，2 つの三角形 BSM と CTM は 1 辺とその両端の角がそれぞれ等しいことから合同であることがすぐにわかる（図 5.7 参照）．したがって，合同であ

84　第5章　極端な場合を考える

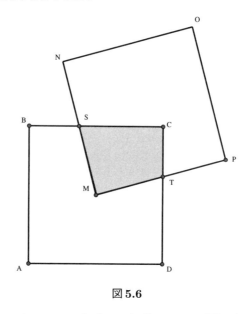

図 5.6

ることが証明された 2 つの三角形に三角形 SCM の面積が加わっているので四辺形 $SCTM$ と三角形 BCM の面積は等しい．

エレガントな解法

　正方形の向きについては問題文に明記されていないので，一方の正方形の頂点が他方の重心にある限りこれらを好きな位置に置くことが可能だ．極端な場合を考えるストラテジーを使おう．図 5.8 に示すように，2 つの正方形をそれぞれの辺が直角に交わるように置くことができる．

　影が付いた部分が元の正方形の 4 分の 1 であることにまだ納得できないなら，図 5.9 に示すように，線分 PM と NM をそれぞれ延長して点 J と K のところで辺と交わるようにすればいい．

　影が付いた部分の面積は元の正方形の $\frac{1}{4}$，すなわち 16 の $\frac{1}{4}$ で 4 平方インチであることは明らかである．正方形を特別な位置に置くことによって，答えを容易に求めることができた．

問題 5.9　85

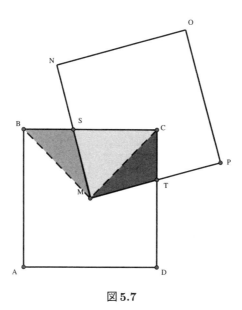

図 5.7

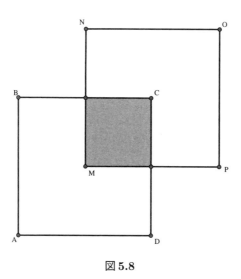

図 5.8

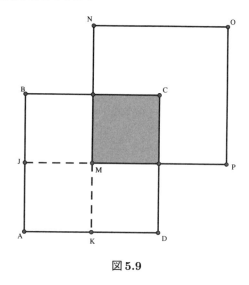

図 5.9

問題 5.10

$x^{x^{x^{x^{x^{\cdot^{\cdot^{\cdot}}}}}}} = 2$ を満たす x の値を求めよ.

ありがちなアプローチ

ほとんどの人はこの問題を一目見てどうアプローチしたらよいかわからず困惑してしまうだろう. 無理もないことだ.

エレガントな解法

これはいささか極端な状況であると考えられるだろう. まずは x のべき乗の指数の x が無限個積み重なってタワーになっていることに注目する. そこから x を1個取り除いたところで, 無限という性質から最終的な結果には全く影響がないはずだ. したがって, 最初の x を取り除くことにより, タワーに残ったすべての x もまた 2 と等しいに違いないことがわかる. このことからこの方程式を $x^2 = 2$ と書き換えることができる. その結果 $x = \pm\sqrt{2}$ とな

る．正の数の集合だけを考えるとすれば，答えは $x = \sqrt{2}$ となる．

以下を見れば，$x = \sqrt{2}$ が積み重なっていくとどんどん 2 に近づくことがわかる．

$$\sqrt{2} = 1.414213562\ldots$$

$$\sqrt{2}^{\sqrt{2}} = 1.632526919\ldots$$

$$\sqrt{2}^{\sqrt{2}^{\sqrt{2}}} = 1.760839555\ldots$$

$$\sqrt{2}^{\sqrt{2}^{\sqrt{2}^{\sqrt{2}}}} = 1.840910869\ldots$$

$$\sqrt{2}^{\sqrt{2}^{\sqrt{2}^{\sqrt{2}^{\sqrt{2}}}}} = 1.892712696\ldots$$

$$\sqrt{2}^{\sqrt{2}^{\sqrt{2}^{\sqrt{2}^{\sqrt{2}^{\sqrt{2}}}}}} = 1.926999701\ldots$$

$$\vdots$$

こうして非常に複雑に見える問題が驚くほど簡単に解けた．

問題 5.11

Let's Make a Deal は長年続いたテレビのゲームショーで，ある解決の難しい状況が番組の目玉となっていた．客席から無作為に選ばれた参加者の女性がステージに上がると，そこにはドアが3枚あり，1枚のドアの後ろには自動車が，ほかの2枚のドアの後ろにはロバが隠されていた．彼女は自動車が隠されていそうなドアを1枚選ぶように言われ，当たればそれをもらえることになっていた．ここで1つだけ次のようなヒントが出された．参加者がドアを選んだ後，どこに自動車があるかを知っている司会者のモンティ・ホール（Monty Hall）が，選ばれていないドアのうちロバがいるドアを1枚開けてロバを見せ，彼女に最初に選んだドアのままでよいか，それともまだ開いていないもう1枚のドアに変えるか尋ねた．このとき，ほかの観客たちから「そのまま」という声と「変えろ」という声が同じくらい上がり，それ

が一層ハラハラさせるのだった．さて，どうすべきかが問題だ．どちらを選ぶかで違いは生じるのだろうか．もしそうなら，どちらが得策（すなわち賞品獲得の確率がより高くなる）なのか[1]．

ありがちなアプローチ

直感的に最良の策だと思うことについて考えてみる人もいるかもしれないが，おそらくほとんどの人は，最後に自動車を獲得するチャンスは2分の1なのでどちらを選んでも差はないと言うだろう．だが残念ながらそれは間違いだ．こう言われると，好奇心旺盛な観客・視聴者は（もちろん読者も）興味を掻き立てられるだろう．

エレガントな解法

この問題は段階的に考えるのがよいかもしれない．大事な点について説得力のある説明をするために，極端な場合を考えることにする．

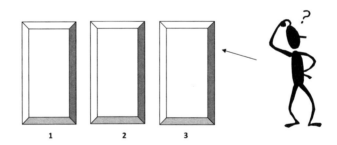

では段階的に見ていこう．結果は次第に明らかになる．これら3枚のドアの後ろには**2匹のロバ**と**1台の自動車**が隠されている．狙うのは自動車だ．あなたは3番のドアを選び，モンティ・ホールはあなたが**選ばなかった**ドアのうち1枚のドアを開けてロバを見せる．

---

[1] （訳注）この問題は司会者の名前にちなんで「モンティ・ホール問題」と呼ばれることも多い．

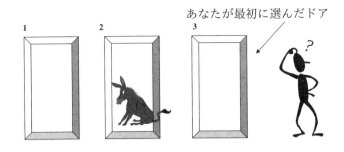

彼はこう尋ねる.「最初に選んだドアのままでいいですか, それとももう1枚のドアに変えますか.」どちらにするか決断できるように, 極端な場合を考える問題解決ストラテジーを使おう. ドアが3枚ではなく1000枚あると仮定しよう.

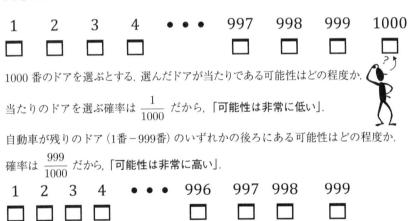

1000番のドアを選ぶとする. 選んだドアが当たりである可能性はどの程度か.

当たりのドアを選ぶ確率は $\frac{1}{1000}$ だから,「可能性は非常に低い」.

自動車が残りのドア (1番-999番) のいずれかの後ろにある可能性はどの程度か. 確率は $\frac{999}{1000}$ だから,「可能性は非常に高い」.

これらは全部ひっくるめて「可能性が非常に高い」ドアである.

第5章 極端な場合を考える

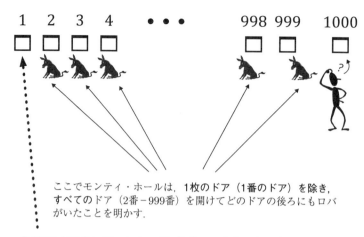

ここでモンティ・ホールは，1枚のドア（1番のドア）を除き，すべてのドア（2番-999番）を開けてどのドアの後ろにもロバがいたことを明かす．

「可能性が非常に高い」ドアが1枚残る．すなわち1番のドアである．

さあこれで答えが出せそうだ．どちらがよりよい選択だろうか．

♦ 1000番のドア（「可能性が非常に低い」ドア）か，それとも
♦ 1番のドア（「可能性が非常に高い」ドア）か．

答えは一目瞭然．「可能性が非常に高い」ドアを選択すべきである．つまり，「変える」ほうがゲーム参加者にとって得策だということだ．元の問題のドアが3枚の場合の状況を詳しく調べようとしたときよりも，極端な場合を考えたほうが最善策の見極めがずっと簡単だ．どちらの状況でも原理は同じである．

この問題は学者たちの間で多くの議論を巻き起こしており，*The New York Times* のみならずほかの大衆向け出版物でも討論のテーマとなった．ジョン・ティアニー（John Tierney）は *The New York Times*（1991年7月21日，日曜版）で次のように書いた．「もしかしたら単なる錯覚だったのかもしれないが，数学者，*Parado* 誌の読者，テレビのゲームショー *Let's Make a Deal* のファンの間で繰り広げられてきた激しい論争はここで決着がつくかに思えた．論争のきっかけは，マリリン・ヴォス・サヴァント（Marilyn vos Savant）がある難問を *Parado* に載せたことだった．彼女のコラム *Ask Marilyn* で毎週紹介されているように，ヴォス・サヴァント女史は『最も高

い IQ』を有する人物としてギネスブックの殿堂入りを果たしているわけだが，読者から寄せられた次の問題に彼女が答えたとき，世間の人々は殿堂入りしたほどの彼女の IQ の高さにあまり感心しなかった.」彼女の答えは正しかったにもかかわらず，多くの数学者が論争した．その問題を我々は解いたのだ.

第6章

単純化した問題を解く

　一見極めて複雑に見えるような問題が存在する．問題に出てくる数が非常に大きくて面食らうかもしれない．また，与えられた膨大なデータには問題を解くのに必要のないものが含まれているかもしれない．問題の提示の仕方で読む人が混乱することもある．理由が何であれ，そのような問題には題意を変えずに問題を単純な形に変えるアプローチがもってこいだ．数を変えたり，元の図に変更を加えたり，また別の方法を試みたりして問題の形をちょっと変更するのである．こうして単純化した問題を解くことによって，元の問題への取り組み方について何らかのひらめきが得られる可能性がある．

　新しいコンピューターを買ったときというのは，新機能を含めすべての機能をいきなり使ったりせずに，まずはよく知っているところから使い始め，新しいコンピューターで何ができるかわかってくるにつれて使う機能を徐々に増やしていったのではないだろうか．最初は簡単な機能からだっただろう．

　さて，次のような問題に出合ったとしよう．

　　19個の連続した整数の和が95のとき．この数列の10番目の整数を
　　求めよ．

　おそらく多くの人は，代数のスキルを使って19個の整数を x, $(x+1)$, $(x+2)$, $(x+3)$, $\ldots$, $(x+17)$, $(x+18)$ と表し，それらを足すだろう．そしてその結果を95と置いて x を求める．あるいは，10番目の整数は中央の

94 第6章 単純化した問題を解く

数であることに気づいてそれを x で表す人もいるかもしれない．その場合残りの数は $(x+9)$, $(x+8)$, $(x+7)$, ..., $(x-7)$, $(x-8)$, $(x-9)$ と表せる．ここで，これらの項を2つ1組にして足し算をすることができる．つまり，$(x-9)$ と $(x+9)$ を足すと $2x$ が得られ，$(x-8)$ と $(x+8)$ を組み合わせても $2x$ が得られ，以下同様にしていくといずれも $2x$ が得られる．このほうが前の解き方よりずっと簡単だ．なぜなら $9 \cdot 2x + x = 95$，すなわち $19x = 95$ という簡単な方程式から $x = 5$ が求められるからである．

しかしもっとおもしろいアプローチがある．例えば $3+4+5+6+7$ のような短い数列を考えてみよう．これらの和である25を5で割ると平均値として5が得られるが，これは偶然にもこの数列の中央の数となっている．元の問題の数列の場合，第10項は中央の項であり，しかも整数は連続しているので，この項は19個の項の数列の平均値（算術平均値）でもあることがわかる．したがって，平均値を求めるには，和をとって，その和である95を項の数19で割るだけであり，結果5が得られる．単純化した問題で考えてみたことで，元の問題もはるかに簡単に考えられるようになりすぐ解けた．

元の問題の複雑さを減らして単純化した問題を解くことに加え，本書で取り上げている別のストラテジーも同時に使わなければならないこともよくある．例として，1/500,000,000,000 を小数に直す問題を考えてみよう．

ほとんどの電卓は12桁の数を表示することができないため電卓は使えない．そこで，本書で取り上げているほかのストラテジーの中からデータ整理とパターン認識の2つのストラテジーを使おう．与えられた問題を単純化した一連の問題を解いて結果を表にまとめることで，パターンを探すことができる．

分数	5に続く0の数	商	小数点と2の間の0の数
$\dfrac{1}{5}$	0	0.2	0
$\dfrac{1}{50}$	1	0.02	1

（次頁へ続く）

（前頁の続き）

分数	5に続く0の数	商	小数点と2の間の 0の数
$\dfrac{1}{500}$	2	0.002	2
$\dfrac{1}{5000}$	3	0.0002	3
$\dfrac{1}{50000}$	4	0.00002	4
$\vdots$	$\vdots$	$\vdots$	$\vdots$

　ここにはパターンがはっきりと現れている．除数にある0の数は小数点と2の間にある0の数と同じだ．元の問題の除数には5に続く0が11個あったので，小数点と2の間にも0が11個並ぶことになる．

分数	5に続く0の数	商	小数点と2の間の 0の数
$\dfrac{1}{5}$	0	0.2	0
$\dfrac{1}{50}$	1	0.02	1
$\dfrac{1}{500}$	2	0.002	2
$\dfrac{1}{5000}$	3	0.0002	3
$\dfrac{1}{50000}$	4	0.00002	4
$\vdots$	$\vdots$	$\vdots$	$\vdots$
1/500000000000	**11**	**0.000000000002**	**11**

　元の問題を単純化し，それと一緒に本書にあるほかの2つのストラテジーも用いることによって問題がいかに容易に解けたかに注意しよう．問題を解

96　第6章　単純化した問題を解く

くために複数のストラテジーを用いることは少なくないことを知っておくべきである.

問題6.1

　バスケットボールのフリースロー競技で, チームの1人目の選手はフリースローを x 本決めた. 2人目は y 本決めた. 3人目は前の2人が決めた本数の算術平均値と同じ本数を決めた. 後に続く各選手は自分より前の選手全員が決めた本数の算術平均値と同じ本数を決めた. 12人目の選手は何本決めたか.

ありがちなアプローチ

　12人の選手それぞれについて順番に算術平均値を求めていくことでこの問題を解こうとする人もいるかもしれない. これはかなりの時間と労力がかかる上, 計算ミスを起こしやすい. もっとよい解法がある.

エレガントな解法

　単純化した問題を調べることから始めるとしよう. x と y を簡単な数に置き換えるとどうなるだろうか. 1人目の選手はフリースローを8本 (x) 決め, 2人目は12本 (y) 決めたと仮定する. すると3人目が決めた本数は前の2人の算術平均値と等しいから, $\dfrac{8+12}{2} = \dfrac{20}{2} = 10$ 本だった. 次に, 4人目が決めた本数は前の3人の選手の算術平均値と等しいから, $\dfrac{8+12+10}{3} = \dfrac{30}{3} = 10$ 本だった. 同様に, 5人目が決めた本数は前の4人の選手の算術平均値と等しいから, $\dfrac{8+12+10+10}{4} = \dfrac{40}{4} = 10$ 本だった. そうか, 最初の2人の選手の後に続くどの選手も, 決めたフリースローの本数は必ず最初の2人の選手が決めた本数の算術平均値になるのか. ということは, 元の問題の答えは, 最初の2人の選手が決めた本数の算術平均値, す

なわち $\frac{x+y}{2}$ となる．単純化した問題を解くことによって元の問題をあっという間に解決する方法を見つけ出すことができた．

問題 6.2

正三角形の内部または周上にとった任意の点から各辺までの距離の和は，そのような別の任意の点をとっても同じである．正三角形の辺の長さが 4 のとき，この距離の和を求めよ．

ありがちなアプローチ

この問題の解き方はいくつかある．最もわかりやすい方法を 1 つ挙げると，正三角形の内部に任意の点をとって（これは何も疑わずにそのまま問題を解く人が考えることだ），そこから各辺に垂線を下ろすというものがある（図 6.1）．

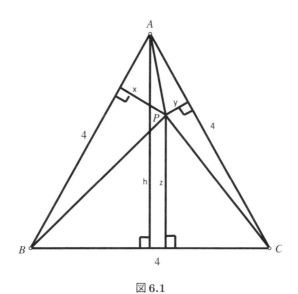

図 6.1

$\triangle ABC$ の面積は，底辺が 4，高さがそれぞれ x, y, z である 3 つの三角形

98   第6章　単純化した問題を解く

APB, PBC, CPA の面積の和と等しいとみなすことによって，次のように表すことができる．

$$(\triangle ABC \text{の面積}) = \frac{1}{2} \cdot 4 \cdot h = \frac{1}{2} \cdot 4 \cdot x + \frac{1}{2} \cdot 4 \cdot y + \frac{1}{2} \cdot 4 \cdot z = \frac{1}{2} \cdot 4 \cdot (x + y + z)$$

したがって，$h = x + y + z$ となる．この正三角形の場合，高さは $2\sqrt{3}$ であることがわかる．よって，$x + y + z = 2\sqrt{3}$ である．

エレガントな解法

問題文にあるとおり，点 P は正三角形の内部または周上のどこにあっても構わないので，単純化した問題を考えても一般性は失われない．P を A の上に置くとすると解は自明になる．AB と AC への垂線の長さはどちらも 0 で，BC への垂線は単に三角形の高さであるからつまりは $2\sqrt{3}$ である．

このストラテジーは，極端な場合を考えるストラテジーについての説明とも合致する可能性がある点に注意してもらいたい．我々は，点 P が三角形の頂点にあるという極端な場合を考えたのである．このことからストラテジーの選択には柔軟性があることがわかる．

問題 6.3

次の各式において，m と n は正の整数でどちらも 1 より大きい．このとき，最大値はどれか．

(1)　$m + n$

(2)　$m - n$

(3)　$\sqrt{2mn}$

(4)　$\dfrac{m^2 + n^2}{m + n}$

(5)　$\dfrac{m^4 + n^4}{m^3 + n^3}$

ありがちなアプローチ

与えられた演算を実際に行ってどれが最大値を持つか確かめてみるのがまず思いつくアプローチだ．これは煩雑でつまらないし，代数的式変形を何度も行わなければならない．

エレガントな解法

この問題を簡単な形にして解いていこう．問題を単純化するために都合のよい正の整数を変数に代入する．例えば $m = 2$ かつ $n = 4$ としよう．すると (1) は $2 + 4 = 6$ となり，(2) は $2 - 4 = -2$，(3) は $\sqrt{16} = 4$，(4) は $\dfrac{4 + 16}{2 + 4} = 3.333\bar{3}$，(5) は $\dfrac{16 + 256}{8 + 64} = 3.777\bar{7}$ となる．したがって，最大値の式は $m + n$ であると結論づけることができる．

問題 6.4

$\dfrac{1}{x + 5} = 4$ のとき，$\dfrac{1}{x + 6}$ の値を求めよ．

ありがちなアプローチ

与えられた方程式 $\dfrac{1}{x + 5} = 4$ を単純に解いて x の値を求めるのが従来の解法である．これを解くと $x = -\dfrac{19}{4}$ となる．そしてこの x の値を $\dfrac{1}{x + 6}$ に代入すると，$\dfrac{4}{5}$ が得られる．ちょっと面倒な計算を伴うかもしれないが，これはもちろん正しい．

エレガントな解法

もっと賢いアプローチ方法は，まずは $\dfrac{1}{x + 5} = 4$ という与えられた情報を

100   第6章   単純化した問題を解く

使って異なる視点からこの問題を考えることであろう．この方程式の両辺の逆数をとると $x + 5 = \dfrac{1}{4}$ となり，ぐんと扱いやすい形になる．我々が求めているのは $x + 6$ なので，両辺に1を足しさえすれば $x + 5 + 1 = \dfrac{1}{4} + 1$，すなわち $x + 6 = \dfrac{5}{4}$ が得られる．再び両辺の逆数をとると $\dfrac{1}{x + 6} = \dfrac{4}{5}$ となり，これが答えである．明らかにこのアプローチのほうがエレガントだと言えるだろう．

問題 6.5

　円とその直径が与えられているとき，円の面積を直線を使わずに7等分にする方法を示せ．

ありがちなアプローチ

　一般的に，このような問題が出てきたら，コンパスを使って与えられた円の中にいくつか円を書き，何とかしてパターンを見つけようとするけれど，たぶんうまくいかない．

エレガントな解法

　与えられた円の直径を図6.2のように一方の端点から7分の1の長さのところで区切ることから始める．

　薄い影の付いた部分の面積は，元の円の半円の面積と半円 X の面積を足して半円 Y の面積を引いたものと表現することができる．

　円の面積の比はそれぞれの直径の2乗と直接関係があることがわかっているので，薄い影の部分の面積は

$$((X + Z) \text{の面積}) = ((Y + Z) \text{の面積}) - (Y \text{の面積}) + (X \text{の面積})$$

と表せる．

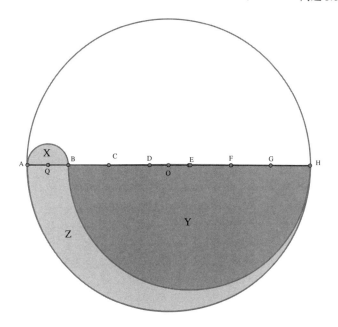

図 6.2

これら 3 つの半円の直径の比は，$(Y+Z):(Y):(X) = 7:6:1$ であることから，それぞれの面積の比は $49:36:1$ である．これを使うと，薄い影の部分と一番大きい半円の比は $(49-36+1):49$ (すなわち $14:49$) で，これを分数の形にすれば薄い影の部分は一番大きい半円の $\frac{14}{49}$ であることがわかる．この場合，薄い影の部分と円全体の比は $\frac{1}{2} \cdot (\frac{14}{49}) = \frac{7}{49} = \frac{1}{7}$ となる．$\frac{1}{2}$ を掛けたのは，$\frac{14}{49}$ という比は円の半分に対して求めた比だからだ．このストラテジーを使い，続けて AC, AD, AE, AF, AG, AH の直径を持つ半円について考えていけば，最終的に円は 7 等分される．

問題 6.6

シカゴからニューヨークへ向かう列車とニューヨークからシカゴへ向かう列車があり，この 800 マイルの距離を一方は時速 60 マイル，他方は時速 40

102   第6章　単純化した問題を解く

マイルの一定速度で走行する．これら2本の列車は同時に出発して同じ線路上を互いに向かい合って走行する．それと同時に1匹の蜂が一方の列車の先頭から時速80マイルで対向列車に向かって飛び始める．蜂は対向列車の先頭に触れると向きを変え，（時速80マイルのまま）元の列車に向かって飛んで行く．蜂は2本の列車の衝突で押しつぶされてしまうまで行ったり来たりを繰り返す．この蜂が飛んだ距離は何マイルか．

ありがちなアプローチ

　この問題を読むと，たいていの代数の教科書に載っているような文章題が思い出されるかもしれないが，これには典型的な等速運動の問題には見られない奇妙なひねりが加えられている．蜂が飛んだ各区間の距離を求めようとするのは自然なことで，「速さ×時間＝距離」というおなじみの関係に基づく方程式がすぐさま立てられる．しかしながら，この行ったり来たりした距離の算出はかなりの計算が必要でなかなか厄介だ．やってみたところでこの問題を解くことは非常に困難だ．

エレガントな解法

　はるかにエレガントなアプローチは，問題を単純化して考えることであろう（視点を変えて問題を考えると言ってもよいかもしれない）．我々が求めようとしているのは蜂が飛んだ距離である．蜂が飛んだ時間がわかれば，飛ぶ速さはすでにわかっているので蜂の飛行距離を割り出すことができるだろう．

　蜂が飛んだ時間の算出は簡単だ．なぜなら蜂は2本の列車が衝突するまでの間ずっと飛んでいたからである．列車の走行時間 t を求めるために次のように方程式を立てる．

　一方の列車の走行距離は $60t$ で，もう一方の列車は $40t$ である．2本の列車が走った距離は合計で800マイルである．したがって，$60t+40t=800$ だから $t=8$ 時間となる．この時間は蜂が飛んだ時間でもあるので，ここで蜂の飛行距離を求めることができる．すなわち $8 \cdot 80 = 640$ マイルである．蜂

が行ったり来たりした距離を求める作業はものすごく難しいと思われたけれど，初等代数学の授業でよく出くわしたような，解法がすぐにわかる「等速度運動の問題」のわりと簡単な応用となった．

問題 6.7

図 6.3 のような任意に描かれた五芒星形があるとき，各頂点の鋭角の和を求めよ．

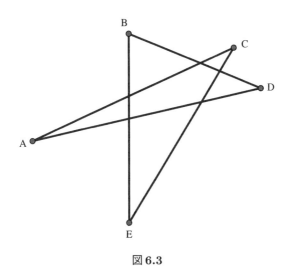

図 6.3

ありがちなアプローチ

残念ながら，ほとんどの人は分度器を探してきて，正確な値が得られることを期待しつつそれぞれの角を測って和をとるだろう．そして一般の場合その和がどのようになるか知的推測を行うことになる．

エレガントな解法

単純化した問題を解くストラテジーが使えそうだ．この五芒星形の形また

は規則性については指定がなかったので，図6.4のように円に内接する五芒星形を考えることができるだろう．五芒星形の各鋭角を調べると，いずれも円周角となっている．ということは，各円周角の大きさはそれぞれ対応する弧の中心角の2分の1であることから，例えば$\angle A = \frac{1}{2}$（弧CDの中心角）である．残りの4つの鋭角に対応する弧も見ると，全部の弧の合計は完全な円となることがわかる．円周角の和は，円を構成しているそれぞれの弧の中心角の和の2分の1であり，これは基本的に円の中心角の2分の1，すなわち$180°$と同じである．

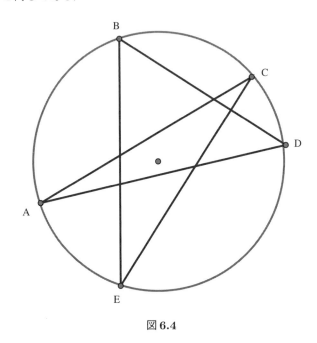

図 6.4

問題 6.8

次のうち最大値はどれか．

$$1^{48}, 2^{42}, 3^{36}, 4^{30}, 5^{24}, 6^{18}, 7^{12}, 8^6$$

ありがちなアプローチ

多くの桁数を出力できるコンピュータープログラムや電卓を使って実際にそれぞれの式の値を計算してみることができる．しかし，これはとても長たらしくて退屈なアプローチになるだろう．それでもこの方法で解くことはできる．

エレガントな解法

単純化した問題を解くストラテジーを使おう．与えられた数をちょっと調べてみれば，どの指数も 6 の倍数であることがわかる．そこで各項の 6 乗根をとると（すなわちそれぞれを $\frac{1}{6}$ 乗すると），比較する項を単純化することができる．つまり，次のすべての数を 6 乗すれば最初に与えられた数になるというわけだ．したがって，次の中の最大値は元の数の中の最大値と対応する．

$$1^8,\ 2^7,\ 3^6,\ 4^5,\ 5^4,\ 6^3,\ 7^2,\ 8^1$$

これらの値は比較的簡単に計算できる．

$$2^7 = 128$$
$$3^6 = 729$$
$$4^5 = 1024$$
$$5^4 = 625$$
$$6^3 = 216$$

残りの数がこれらより小さいことは明らかだ．よって元の 8 個のべき乗式のうち最も大きいのは，$(4^5)^6$ すなわち 4^{30} である．

問題 6.9

デイヴィッドは，16 オンスのボトルいっぱいに入ったワインを次の手順で

106　第6章　単純化した問題を解く

水増しすることにする．1日目はワインを1オンスだけ飲み，その後ボトル
いっぱいまで水を補充する．2日目は水とワインが混ざったものを2オンス
飲み，またボトルいっぱいまで水を補充する．3日目は水とワインが混ざっ
たものを3オンス飲み，さらにまたボトルいっぱいまで水を補充する．彼は
この手順を16日目にボトルの中身を16オンス飲んでボトルが空になるまで
続ける．デイヴィッドは全部で何オンスの水を飲むことになるか．

ありがちなアプローチ

　このような問題は泥沼にはまりやすい．読者の中には，まずボトルに入っ
ているワインと水の量を1日ごとに表した表を作り，各日にデイヴィッド
が飲むそれぞれの量を算出しようとする人もいるかもしれない．だが，こ
の問題は視点を変えることでもっと簡単に解くことができるだろう．つま
り，デイヴィッドが毎日足していく水の量を調べるのである．最終的に（16
日目に）ボトルは空になり，また最初はボトルに水は入ってなかったこと
から，デイヴィッドはボトルに足された水を全部飲んだことになる．1日
目にデイヴィッドは水を1オンス足した．2日目には2オンス足した．3日
目には3オンス足した．15日目には15オンス足した．（16日目には水は足
されなかったことに注意．）したがって，デイヴィッドが飲んだ水の量は，
$1+2+3+4+5+6+7+8+9+10+11+12+13+14+15 = 120$ オン
スであった．

エレガントな解法

　上記の解法は確かに有効であるものの，もう少し問題を単純化すれば，デ
イヴィッドが飲んだ液体の総量を求め，そこからワインの量すなわち16オン
スを引くだけとなる．

　よって $1+2+3+4+5+6+7+8+9+10+11+12+13+14+15+16 = 136$
で，$136 - 16 = 120$ となる．

　つまりデイヴィッドは136オンスの液体を飲み，そのうち120オンスが水
だった．

第7章

データを整理する

　自明なことだと思われるかもしれないが，データ整理のストラテジーは極めて重要なストラテジーの1つである．誰でも問題文中のデータを自然と整理しているはずで，こうしたことを我々は実生活でもよく行っている．

　例えば，毎年春に納税申告書の準備を始めるときなど，促されずとも自然とデータ整理を行っている．領収書，小切手，W-2フォーム[1]などの整理の仕方によって，複雑な納税申告書の記入にかなりの差が出る．

　買い物に出かける前に詳細な買い物リストを作る人も多い．リストのまとめ方は，種類別だったり，売り場別だったり，必要順だったりするかもしれない．同様に，休暇旅行のときにはおそらく見たいものリストを作成するだろう．どちらの場合も，リストを書くこともあれば単に頭の中に思い浮かべることもある．

　主要世論調査機関が世論調査のデータを集める際，同一データを各機関がどのようにまとめたかによって，調査結果に違いが出ることは全く珍しいことではない．

　問題にたくさんのデータが含まれているとき，データの提示方法に惑わされることはよくある．データを意味のある明確な形にまとめられるようになることは，問題解決のために非常に重要なことである．このストラテジーを使う問題を見てみよう．

　　考古学者のグループがある場所で発掘作業をしていた．連続15日

---
[1]（訳注）源泉徴収票に相当するもの．

108 第7章 データを整理する

間の各日に発掘された陶器の数は次のとおりである.

13, 45, 12, 47, 8, 18, 13, 27, 98, 11, 23, 67, 51, 14, 6

発掘された陶器の数の中央値を求めよ.

各日の陶器の発見数が書き留められた形のままこの問題を解くことはおそらく不可能に近いのだが, そのデータをもっと意味のある形, すなわち小さい順に並べてみることにしよう.

6, 8, 11, 12, 13, 13, 14, 18, 23, 27, 45, 47, 51, 69, 98

こうなれば中央値を見つけるのは簡単だ. 中央の値だからこの場合8番目の値つまり18である.

　データ整理が役立つ問題をもう1つ考えてみよう.

　　ジャックとマレーネはDVD映画クラブに入りたい. 彼らは2箇所から入会の誘いを受けている. フリーダム・ムービー・クラブは, 入会金が20ドルで, DVDは1枚6.20ドルである. ニュー・ルック・クラブは, 入会金は必要ないが, DVDは1枚8.10ドルである. ジャックはフリーダム・クラブに入会することに決め, マレーネはニュー・ルック・クラブに入会する. DVDの購入枚数が何枚になると, マレーネの支払い額がジャックの額を超えるか. また, その時点でマレーネはジャックよりいくら多く払ったことになるか.

この問題を解くために次の3つの項目のデータをまとめる.

DVDの数	フリーダム・クラブ	ニュー・ルック・クラブ
0	20.00 ドル	0.00 ドル
1	26.20 ドル	8.10 ドル
2	32.40 ドル	16.20 ドル
3	38.60 ドル	24.30 ドル
4	44.80 ドル	32.40 ドル
5	51.00 ドル	40.50 ドル

（次頁へ続く）

109

（前頁の続き）

DVDの数	フリーダム・クラブ	ニュー・ルック・クラブ
6	57.20 ドル	48.60 ドル
7	63.40 ドル	56.70 ドル
8	69.60 ドル	64.80 ドル
9	75.80 ドル	72.90 ドル
10	82.00 ドル	81.00 ドル
11	**88.20 ドル**	**89.10 ドル**
12	94.40 ドル	97.20 ドル

彼らが11枚目のDVDを買う時点でマレーネの支払い額がジャックの額を超える．マレーネは89.10ドル − 88.20ドル，すなわち90セント多く払ったことになる．表にしたデータを調べれば，問題文の2つの問いの答えは簡単に得られる．

　次はデータをきちんと整理しないと解けない幾何学の問題だ．

　　三角形の各辺の長さは整数で，周の長さは12であるとき，3辺それ
　　ぞれの長さを求めよ．

　三角形の各辺をA, B, Cとして一覧表を作成しよう．A = 1から始めて，A = 1のときに考えられるすべての組合せを書き並べる．その後A = 2に移り，以下同様に行う．

A	1	1	1	1	1	2	2	2	2	3	3	4
B	1	2	3	4	5	2	3	4	5	3	4	4
C	10	9	8	7	6	8	7	6	5	6	5	4

この表には，和が12になる3つ組の数がすべて含まれている．だがここで思い出してもらいたいのは，三角形の任意の2辺の和は残りの1辺より必ず大きくなり，そうでなければ三角形にはならないということだ．これによって選択肢の大部分が除外され，残るのは2–5–5, 4–4–4, 3–4–5 の3つだけである．データを整理した一覧表を作成することで簡単に問題が解けた．

　本章では，データを意味のある形にまとめることにより非常に効率よく解ける問題を扱う．これらの問題は，正統的ではないように思えるこの解法の

110   第7章　データを整理する

利点を明らかにする手段として提示しているに過ぎず，中にはほかの方法で
解けるものももちろんある．

問題 7.1

　バスケットボールトーナメントのハーフタイムにフリースロー競技が行わ
れ，ロビーとサンディが決勝戦に出場することになった．先にフリースロー
を2本連続して入れるか全部で合計3本入れたほうが勝者となる．勝者の決
まり方は何通りあるか．

ありがちなアプローチ

　ほとんどの人は，まず勝者が決まる組合せとして考えられるものすべてを
見つけようとするが，すべてを列挙したかどうかどうしてわかるのだろう．
この作業はとても面倒に思える．

エレガントな解法

　データ整理のストラテジーを使って，それぞれの選手が勝者になる場合の
決まり方を網羅した2つのリストを作ろう．1つ目はロビーが先にフリース
ローをする場合の勝者の決まり方を示し，2つ目はサンディが先の場合を示
している（ただし，Rはロビー，Sはサンディを表す）．

R R	S S
R S S	S R R
R S R R	S R S S
R S R S R	S R S R S
R S R S S	S R S R R

　フリースロー競技の勝敗の決まり方は10通りである．考えられる勝者の
決まり方のすべてがこの網羅的リストによって整然と示された．

問題 7.2

図 7.1 には三角形がいくつあるか.

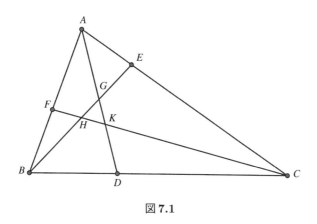

図 7.1

ありがちなアプローチ

いろいろな三角形をきちんと整理しないまま順番に数え始めるのが一般的だろう．でもこのやり方では，頭がこんがらがってすべての三角形を数えたかわからなくなってしまうことになりがちである．そんなときには従来の数え上げの形式的な方法を使う．その方法は 6 本の直線からできる組合せを計算して，1 点で交わる組合せを除くというものだ．したがって，6 本の直線から同時に 3 本とる組合せの数は $_6C_3 = 20$ となり，ここから 3 本の直線が 1 点（頂点）で交わる組合せを 3 つ引く．よって，この図にある三角形は 17 個である．

エレガントな解法

図を一から描き直して直線をだんだんと増やしていき，そこから得られるデータを元に数を数えることで，この問題を単純化してみよう．つまりは，図に直線を加えるごとに生じる三角形を数えるということである．基本とな

る三角形 ABC から始めよう．このとき三角形は 1 個しかない．

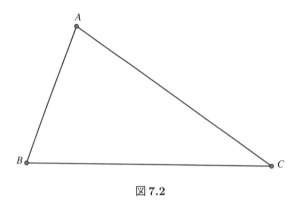

図 7.2

次に，三角形 ABC の内部に線分 AD を引く．すると新たに 2 つの三角形 ABD と ADC ができる．

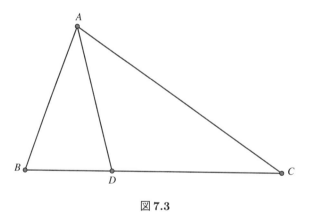

図 7.3

さらに，次の線分 BE を内部に引き，BE またはその一部を 1 辺とする新たな三角形をすべて数える．

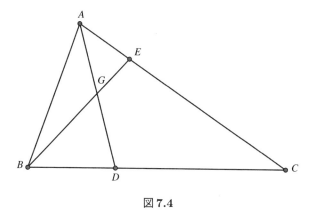

図 7.4

続いて線分 CF を引く．先と同様に，CF またはその一部を 1 辺とする新たな三角形を数える．

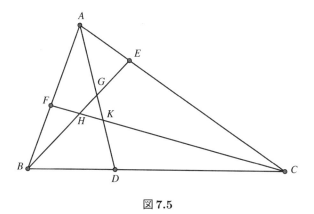

図 7.5

以上の結果を表にまとめよう．

図	追加された線分	新たにできた三角形
7.2	0	ABC
7.3	AD	ABD, ADC
7.4	BGE	ABG, BGD, AGE, BEC, ABE
7.5	$CKHF$	$FBH, AFC, BHC, AFK, KDC, AKC, FBC, HKG, EHC$

114   第7章　データを整理する

上記の三角形の総数は 17 個である.

問題 7.3

$10^{\frac{1}{11}}, 10^{\frac{2}{11}}, 10^{\frac{3}{11}}, 10^{\frac{4}{11}}, \ldots, 10^{\frac{n}{11}}$ という数列があるとき,この数列の最初の n 項の積が 100,000 より大きくなる最小の正の整数 n を求めよ.

ありがちなアプローチ

おそらくよくあるのは,この数列の項を順に掛け合わせていって,最終的にその積が 100,000 を超えるまで試行錯誤を重ねるというアプローチである.これはどう見ても手間のかかる作業であるし,決してエレガントな解法ではない.

エレガントな解法

与えられた数列の最初の n 項の積をとることから始めよう.そうすることでデータが一応扱いやすい形にまとまる.

$$10^{\frac{1}{11}} \cdot 10^{\frac{2}{11}} \cdot 10^{\frac{3}{11}} \cdot 10^{\frac{4}{11}} \cdot \cdots \cdot 10^{\frac{n}{11}} = 10^{\frac{(1+2+3+4+\cdots+n)}{11}} = 10^{\frac{n(n+1)}{22}}$$

「100,000 を超える」ということは,10^5 より大きくないといけないことがわかる.そしてそうなるのは $\dfrac{n(n+1)}{22} > 5$, すなわち $n(n+1) > 110$ のときだけである.$n \leq 10$ のときは,$n(n+1) \leq 110$ になる.したがって,要件を満たす n の最小の整数は 11 である.

問題 7.4

ジェロームはカヤックのフランチャイズ店をオープンしたばかりである.この店ではカヤックを時間単位で貸し出しするため,彼は各カヤックにペンキで識別番号を描かなければならない.識別番号は 3 つの数字からなるが,

最初の数字は彼の店の番号である1と決まっている．1つの番号に同じ数字を繰り返し用いることはできず，3つの数字は左から小さい順に並んでいなくてはならない．また，0は使わない．ジェロームはこの要件を満たす組合せをすべて描いてしまったことに気づいた．彼が所有できるカヤックの最大数を求めよ．

ありがちなアプローチ

与えられた条件に合う3桁の番号を全部書き始めるのが最も一般的なアプローチである．しかし，全部書けたということがどうしてわかるのか．それが確信できるような従うべき順番はあるのか．このアプローチは言うまでもなくあまり効率的ではない．

エレガントな解法

データをきちんと一覧表にまとめよう．

最初の数字	2番目の数字	3番目の数字	選べる番号の数
1	2	3から9	7
1	3	4から9	6
1	4	5から9	5
1	5	6から9	4
1	6	7から9	3
1	7	8から9	2
1	8	9	1

ジェロームはカヤックを$7+6+5+4+3+2+1=28$艘まで所有することができる．

116   第7章　データを整理する

問題 7.5

　ある農夫はりんごが入った箱を農場から市場へ運んでいく．りんごの箱は6箱あるが，計量所のはかりではりんごの重さを5箱ずつでしか量れない．6回に分けて計量した結果は次のとおりである．

$$箱B + 箱C + 箱D + 箱E + 箱F = 200 ポンド$$

$$箱A + 箱C + 箱D + 箱E + 箱F = 220 ポンド$$

$$箱A + 箱B + 箱D + 箱E + 箱F = 240 ポンド$$

$$箱A + 箱B + 箱C + 箱E + 箱F = 260 ポンド$$

$$箱A + 箱B + 箱C + 箱D + 箱F = 280 ポンド$$

$$箱A + 箱B + 箱C + 箱D + 箱E = 300 ポンド$$

6つの箱に入っているりんごの重さはそれぞれ何ポンドか．

ありがちなアプローチ

　この問題は，次のように6つの変数を含む6つの方程式を立てることにより代数的に解くことができるだろう．

$$B + C + D + E + F = 200$$

$$A + C + D + E + F = 220$$

$$A + B + D + E + F = 240$$

$$A + B + C + E + F = 260$$

$$A + B + C + D + F = 280$$

$$A + B + C + D + E = 300$$

これら6つの方程式を連立して解くには退屈な作業を相当繰り返さなければならない．もっとよいアプローチ方法があるのではないか．

エレガントな解法

　データ整理のストラテジーを使うことで解法が比較的簡単になり，エレガントになる．まずは問題にあるデータを次のように表にまとめる．

計量	箱A	箱B	箱C	箱D	箱E	箱F	合計
1回目	—	B	C	D	E	F	200
2回目	A	—	C	D	E	F	220
3回目	A	B	—	D	E	F	240
4回目	A	B	C	—	E	F	260
5回目	A	B	C	D	—	F	280
6回目	A	B	C	D	E	—	300

この一覧表を見ると一見扱いにくそうに見えるけれども，データを縦方向にまとめることにより，つまり次のように縦方向に和をとることにより視点を変えて考えることができる．

$$5A + 5B + 5C + 5D + 5E + 5F = 1500$$

　この方程式の両辺を5で割ると次が得られる．

$$A + B + C + D + E + F = 300$$

ところが表の6回目の計量を見ると，$A + B + C + D + E = 300$ ポンドとなっているので，箱Fのりんごの重さは0ポンドということになる．さらに，5回目の計量は $A + B + C + D + F = 280$ となっており，$\mathbf{F = 0}$ から $A + B + C + D = 280$ であると断定することができる．

　計量6回目は $A + B + C + D + E = 300$ であったから，直前の2つの方程式を引き算すると，$\mathbf{E = 20}$ ポンドであることがわかる．

　4回目は $A + B + C + E + F = 260$ であったから，すでに確定したFとEの値を代入すると，$A + B + C + 20 + 0 = 260$ となり，$A + B + C = 240$ となる．この $A + B + C$ の値を5回目に代入すると，$\mathbf{D = 40}$ であることがわかる．

　3回目の方程式を4回目の方程式から引くと，$F = 0$ であることはわかっているので次が得られる．

118　第 7 章　データを整理する

$$A + B + D + E + F = 240$$
$$A + B + C + E + F = 260$$
$$\overline{}$$
$$C - D = 20$$

$D = 40$ であるから $\mathbf{C = 60}$ となる.

1 回目の計量結果を使うと, $B + C + D + E + F = 200 = B + 60 + 40 + 20 + 0$ なので $\mathbf{B = 80}$ となる.

同様に 2 回目の計量から, $\mathbf{A = 100}$ が得られる.

データを表にまとめたことでデータが扱いやすくなり, 問題を論理的に解決することができた.

問題 7.6

どの桁も奇数からなる 3 桁の数すべての和を求めよ.

ありがちなアプローチ

通常このような問題に出合うと, 条件を満たすたくさんの奇数を何らかの形にまとめて列記し始めるけれども, 結局退屈な足し算をすることになりがちだ.

エレガントな解法

うまく解く鍵は, 条件を満たす数を扱いやすい形に整理することである. 該当する数をきちんと書き並べたら次のようになるだろう.

$$111 + 113 + 115 + 117 + 119 + 133 + 135 + 137 + 139 + \cdots$$
$$+ 511 + 513 + 515 + 517 + 519 + \cdots$$
$$+ 991 + 993 + 995 + 997 + 999$$

3 つの桁に現れる数字はそれぞれ 5 種類ずつあるので, $5 \cdot 5 \cdot 5 = 125$ 個の数

が考えられる．これらを整理してみると，最初と最後の数，2番目と最後から2番目の数というように，2個1組にして足すことができ，それらの和はそれぞれ1110である．この数の並びからそのような組は $\frac{125}{2}$ 個できる．したがって，これらの数の和は $\frac{125}{2} \times 1110 = 69{,}375$ となる．

このデータを別の方法で整理してもわりとエレガントな解法が得られる．足し算する整数は125個あるということは確かめたが，いずれも3桁の整数であるから，考えるべき数字の数は全部で375個となる．1, 3, 5, 7, 9の5つの奇数が75回ずつ，すなわち各奇数が百の位，十の位，一の位のそれぞれで25回現れることは明らかだ．これは

$$25[100(1 + 3 + 5 + 7 + 9) + 10(1 + 3 + 5 + 7 + 9)$$
$$+ 1(1 + 3 + 5 + 7 + 9)] = 25 \cdot 25 \cdot (100 + 10 + 1) = 69{,}375$$

と表すことができる．上記のどちらの場合も，データを整理することにより，「総当り的に」問題を解くよりはるかにエレガントに解けた．

問題 7.7

平面上に11本の直線がある．そのうちの3本が点 P を通り，点 Q を通る直線も3本ある．それ以外のどの3本も1点で交わらないとき，11本の直線が作る交点の最小数を求めよ．

ありがちなアプローチ

この問題の場合，試行錯誤によるアプローチが最も一般的だが，直線が11本もあるので少しややこしくなる．ほかにもっと効率的な方法があるに違いない．

エレガントな解法

この問題を最も効率よく解くためには論理的に考えて直線を配置しなけれ

ばならない．図 7.6 のように，まず点 P で交わる 3 本の直線を引く．

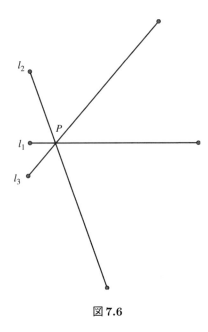

図 7.6

次に，図 7.7 に示すように，l_3 に平行な l_4 と，l_2 に平行な l_5 を点 Q で交わるように引く．

それから残りの 6 本の直線を l_3 と平行になるように引けば図 7.8 のようになる．これら 6 本の直線はそれぞれ新たに 3 つの交点を作る．

これで与えられたデータを意味のある形に整理できた．したがって，交点の数は $6 \cdot 3 + 4 = 22$ と等しい．

問題 7.8

1 から 1,000,000 までのすべての数が印刷されるとき，8 が現れる回数を求めよ．

問題 7.8

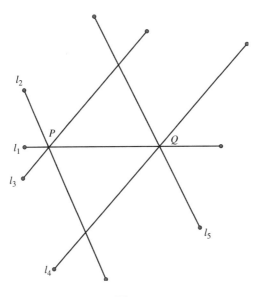

図 7.7

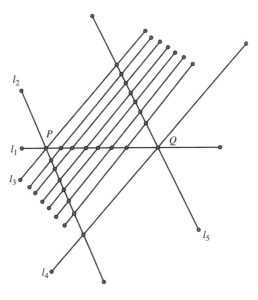

図 7.8

122   第7章　データを整理する

ありがちなアプローチ

　手のつけようもないように思えるこの問題の場合，すべての数を無秩序に列記し始めるのが典型的なアプローチだ．答えが出せるかどうかは筋の通った論理が見いだせるかどうかにかかっているかもしれない．

エレガントな解法

　おそらくここでの最良のストラテジーは，データを次のように整理してリストの内容に矛盾がないことを確認できるようにすることだ．

$$
\begin{array}{c}
000\ 001 \\
000\ 002 \\
000\ 003 \\
000\ 004 \\
000\ 005 \\
\vdots \\
999\ 996 \\
999\ 997 \\
999\ 998 \\
999\ 999 \\
000\ 000
\end{array}
$$

　上のリストには 0, 1, 2, 3, 4, ..., 8, 9 の数字が同じ回数現れていて全部で 6,000,000 個の数字がある．このことは各桁の「パターン」がそれぞれ 10 種類の数字から作られていることからわかる．したがって，8 が現れる確率は $\frac{1}{10}$ であり，600,000 回現れることになる．

問題 7.9

　ある時計職人は夜中の12時を同時に知らせる2つの時計を持っている．

ただし，一方の時計は毎時 1 分進み，他方は毎時 1 分遅れる．このままの調子でいくと，2 つの時計が同じ時間を示すのは何時になるか．

ありがちなアプローチ

方程式を立てて解こうとするのが一般的である．2 つの時計が同じ時間を示すまでの時間を x で表すと，$12 + x = 12 - x$ が得られ，これを解くと $2x = 0$ となり $x = 0$ となる．これでは埒があかない．

エレガントな解法

時計 A は 1 日 24 時間ごとに 24 分進むのに対し，時計 B は 24 分遅れる．よって，時計 A は 5 日間で $5 \times 24 = 120$，すなわち 2 時間進み，時計 B は 5 日ごとに 120 分，すなわち 2 時間遅れる．ずれていく時間を記録するために，データ整理のストラテジーを使って次のような表を作成しよう．

日	1	2	5	10	15
時間	$1 \cdot 24$ $= 24$ 分	$2 \cdot 24$ $= 48$ 分	$5 \cdot 24$ $= 2$ 時間	$10 \cdot 24$ $= 4$ 時間	$15 \cdot 24$ $= 6$ 時間
時計 A	午前 12:24	午前 12:48	午前 2:00	午前 4:00	午前 6:00
時計 B	午後 11:36	午後 11:12	午後 10:00	午後 8:00	午後 6:00

表からわかるように，どちらの時計も 15 日目の終わりに 6 時を示す．もちろん，一方の時計は午前 6 時，他方は午後 6 時を示すわけだが，どちらも 6 時であることに変わりなく，これが問題の答えである．

問題 7.10

3 桁の正の奇数で，各桁の数字の積が 252 になるものはいくつあるか．

124 第7章 データを整理する

ありがちなアプローチ

最もよくあるアプローチは，252 の 3 つ 1 組の約数，すなわち積が 252 になる 3 つの数のすべての組合せを求めるというものだ．その際，1, 1, 252 から始めて次は 1, 2, 126，次は 1, 3, 84，次は 1, 4, 63 というように系統立てて求めなくてはならない．これを 3 桁の奇数となる組合せが少なくとも 1 個見つかるまで続けていくのだが，おそらくそのようなものは複数ある．求めた組合せがこれで全部だとどうしてわかるのか．この「総当り」の方法は実際にはあまり効率的ではない．

エレガントな解法

データ整理のストラテジーを使おう．252 は $2 \times 2 \times 3 \times 3 \times 7$ に因数分解できる．3 つの桁のうちの 1 つの数字が 7 である場合，残りの因数を考慮すればほかの桁の数字の積は 36 でなければならない．そしてそれは 4 と 9 または 6 と 6 の積ということになる．なぜなら上の因数のほかの組合せを考えるといずれも複数桁の数ができてしまうからだ．したがって，得られた数字を 7 と組み合わせると，題意を満たす数は 749, 479, 947, 497, 667 の 5 個あることがわかる．これらは問題文のとおりすべて 3 桁の奇数で，各桁の数字の積は 252 となる．

問題 7.11

次のうち，最も大きい値と 2 番目に大きい値はどれか．

$$\sqrt{2}, \ \sqrt[3]{3}, \ \sqrt[8]{8}, \ \sqrt[9]{9}$$

ありがちなアプローチ

昨今ではこの手の問題の答えを得るためにすぐ電卓を使おうとするが，累乗根の値を求める機能が付いた電卓は少ないだろうから，そんなに簡単ではないかもしれない．

エレガントな解法

最初に，4つの項をそれぞれ次のように分数の指数を使った形に変えたほうが扱いやすくなるだろう．

$$2^{\frac{1}{2}}, \ 3^{\frac{1}{3}}, \ 8^{\frac{1}{8}}, \ 9^{\frac{1}{9}}$$

ここで一番効果的なストラテジーは，式をもっと簡単に比較できるように共通の指数を用いてデータを整理することである．

$(2^{\frac{1}{2}})^8 = 2^4 = 16$ と $(8^{\frac{1}{8}})^8 = 8$ から，$(2^{\frac{1}{2}})^8 > (8^{\frac{1}{8}})^8$ となり $(2^{\frac{1}{2}}) > (8^{\frac{1}{8}})$ となる．$(2^{\frac{1}{2}})^{18} = 2^9 = 512$ と $(9^{\frac{1}{9}})^{18} = 9^2 = 81$ から，$(2^{\frac{1}{2}})^{18} > (9^{\frac{1}{9}})^{18}$ となり $(2^{\frac{1}{2}}) > (9^{\frac{1}{9}})$ となる．$(3^{\frac{1}{3}})^6 = 3^2 = 9$ と $(2^{\frac{1}{2}})^6 = 2^3 = 8$ から，$(3^{\frac{1}{3}})^6 > (2^{\frac{1}{2}})^6$ となり $(3^{\frac{1}{3}}) > (2^{\frac{1}{2}})$ となる．したがって，$(3^{\frac{1}{3}}) > (2^{\frac{1}{2}})$ であって $(2^{\frac{1}{2}})$ は $(8^{\frac{1}{8}})$ と $(9^{\frac{1}{9}})$ より大きいので，4つの項のうち最も大きいのは $(3^{\frac{1}{3}})$ で，次に大きいのは $(2^{\frac{1}{2}})$ であると結論づけることができる．

問題 7.12

課外授業への参加を希望している生徒はアマンダ，ビル，キャロル，ダン，エヴァンの5人だが，参加できるのは3人だけである．先生は5人の名前がそれぞれ書かれた5枚の紙切れを帽子に入れ，無作為に3枚取り出した．アマンダ，ビル，キャロルの3人が選ばれる確率を求めよ．

ありがちなアプローチ

まず，5人の中から3人が選ばれる選び方は何通りあるか調べよう．順序は重要ではないので，これは組合せの問題である．5枚の紙切れの中から一度に3枚を選ぶと

$$_5C_3 = \frac{5 \cdot 4 \cdot 3}{1 \cdot 2 \cdot 3} = 10$$

となる．10通りのうち，アマンダ，ビル，キャロルが選ばれるのは1通りだけだから，答えは $\frac{1}{10}$ である．

126 第7章 データを整理する

エレガントな解法

組合せの計算方法を覚えていない場合はデータ整理のストラテジーが使える. 3人の名前の選び方を順序は無視してすべて列記すると次のようになる (ただし A はアマンダ, B はビル, C はキャロル, D はダン, E はエヴァンを表す).

ABC	BCD	CDE
ABD	BCE	
ABE	BDE	
ACD		
ACE		
ADE		

5人の中から3人を選ぶ選び方は10通り考えられる. そのうち1つだけ, すなわち ABC だけが与えられた条件を満たす. したがって, 答えは10通り中1通り, すなわち $\dfrac{1}{10}$ の確率である.

第8章

図で視覚的に表現する

　図形の問題では，図による視覚的表現は言うまでもなく解法に不可欠な要素であり，問題を解くのに必要かつ役立つものだ．その意味で，古代の数学者の中に図も描かずに幾何学的概念を導き出したり，あるいは少なくともしかるべき略図もなしに幾何学的発見を示した人がいたなんていうことはとても想像できない．しかしながら，問題文に図の概念が含まれていない問題もたくさんある．そんな場合でも考察対象を実際に目で**見る**ことは大いに役立つはずである．多くの人は視覚型学習者であり，今何が起きているかを言葉だけで理解するよりむしろ絵やイメージで理解する．ただしそれは空想するのとは異なる．一部で信じられていることとは違って，視覚化と空想には何の関係もない．空想は往々にして時間の無駄であるのに対し，視覚化は与えられた状況のよりよい理解に役立つ非常に効果的な方法なのである．

　例えば，誰かの家までの道順を教えるときには略地図を書くととても便利である．それにより道順がはっきりする．雑誌や日刊紙においては，状況の比較や対比を行ったり説明をしたりするために，グラフや他の視覚ツールが何度も使われている．自分で組み立てなければならないものを買ったとき，付属の取扱説明書を見るとたいてい文字だけでなく絵も使われている．ほとんどのスポーツ，とりわけアメリカンフットボールとバスケットボールでは，試合の戦略を選手たちに説明するためにコーチはXとOを用いた図を使うことが多い．これらのいずれの例も，明確に求められていないにもかかわらず日常的に図を描くストラテジーが使われていることを示すものだ．やはり「百聞は一見にしかず」なのである．

128　第8章　図で視覚的に表現する

　最初は視覚的表現を使うとは思いもしないような数学の問題を考えよう.

　　アダムズ先生は，代数の期末試験のテスト用紙を2種類用意してい
　　て，2つの別々の授業で使いたいと思っている. 各テストには問題
　　が26問ずつある. 先生はテスト1の最初の4問をテスト2の最後
　　に付け加え，テスト2の最初の4問をテスト1の最後に付け加える.
　　これでどちらのテストも30問ずつになる. 両方のテストで共通し
　　ている問題はいくつか.

　テスト問題を付け加える前と後の状況を次のように視覚的に表現すること
ができる.

前	テスト1:	A	B	C	D	E	⋯	W	X	Y	Z		
	テスト2:	1	2	3	4	5	⋯	23	24	25	26		
後	テスト1:	A	B	C	D	E	⋯	W	X	Y	Z	**1 2 3 4**
	テスト2:	1	2	3	4	5	⋯	23	24	25	26	**A B C D**

　どちらのテストにも共通して含まれている問題は8問，すなわち1, 2, 3,
4とA, B, C, Dである. この問題は視覚的表現を明確に求めておらず，明
らかにほかの方法でも解けただろうが，それを使うことでどのような状況か
を**見る**ことができるようになり，その結果比較的容易に問題が解けるように
なった. ここで言う視覚的表現は，厳密な図である必要はないということを
覚えておこう.
　次の問題でも視覚的表現が状況理解に役立つ.

　　1辺の長さが40 cmの正三角形がある. 各辺の中点を結ぶと2つ目
　　の正三角形ができ，できた三角形の中点を結ぶと3つ目の三角形が
　　できる. 同様の作業を5つの三角形ができるまで繰り返す. 5つ目
　　の三角形の周の長さを求めよ.

　幾何学問題の場合には，文章だけの問題も含め，問題文の状況を図示する
ことが不可欠とは言わないまでも役に立つことは明白だ. ここでも実際に状

況を見る必要がある（図 8.1 を参照）.

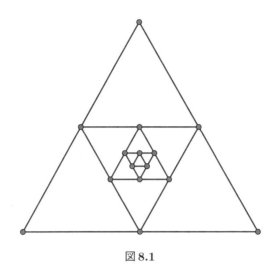

図 8.1

この図から思い出されるのは，三角形の 2 辺の中点を結ぶ線分は，残りの辺の長さの半分であり，その辺と平行であるという性質だろう．それにより，問題のどの三角形のどの辺の長さも，1 つ前に描かれた三角形の対応する辺の $\frac{1}{2}$ になる．そして各三角形の周の長さは，それぞれ 1 つ前に描かれた三角形の周の長さの半分になる．わかりやすくするために一連の過程を表にしよう．

	辺の長さ (cm)	周の長さ (cm)
三角形 1	40	120
三角形 2	20	60
三角形 3	10	30
三角形 4	5	15
三角形 5	2.5	7.5

5 つ目の三角形の周の長さは 7.5 cm である．図を作成したことにより状況を視覚化して解くことができた．この問題は図がなくても解けたかもしれないけれども，図を見ることによって一段と解きやすくなった．

図を直接必要としない問題でも図を描くストラテジーは有用であることをさらに示すために，次の問題を考えてみよう．

> 5時になると時計のチャイムが5秒間に5回鳴る．この時計のチャイムが同じ速さで10時に10回鳴るのにかかる時間はどのくらいか．（チャイムの音自体に時間はかからないとものとする．）

答えはなんと10秒ではない．この問題の性質からして図が必要とは思えないのだが，状況を正確に把握するために図を描いてみよう．図中の点はそれぞれ1回のチャイムを表す．図8.2の場合，合計時間は5秒間でチャイムとチャイムの間隔は4つある．

図8.2

したがって，各間隔は $\frac{5}{4}$ 秒ということになる．次に図8.3に示す2つ目の状況を調べてみよう．

図8.3

この図から，チャイムが10回の場合には間隔が9つになることがわかる．各間隔は $\frac{5}{4}$ 秒なので，10時のチャイムは全体で $9 \cdot \frac{5}{4}$，すなわち $11\frac{1}{4}$ 秒かかることになる．

少し混乱しそうな問題だったが，図を使うことでかなりわかりやすくなった．

問題で図が求められていない場合でも，図を描くことは解決の手がかりとなるだけでなく，解決に直結することも多い．特に，単純な問題では視覚的表現を用いることですぐに解決する場合がある．

問題 8.1

　シュトラウス先生の教室には，25の座席が5席ずつ5列に配置されて正方形に並んでいる．先生は次の「規則」に従って，全員の席替えを行うことにする．その規則とは，どの生徒も自分の左隣または右隣の席に移動するか，すぐ前またはすぐ後ろの席に移動しなければならないというものである．どのように席替えできるか．

ありがちなアプローチ

　最も一般的なのは，座席を表す25個のものをシュトラウス先生の規則に従ってあちこち動かす方法である．しかしこれは厄介であるし，動きを把握するのが難しいので，おそらく正しい答えは得られないだろう．

エレガントな解法

　上の方法の代わりに，座席の配置図を描いてみよう．図8.4のように教室にある25の座席をチェッカーボード状に表すことにする．

　生徒がシュトラウス先生の規則に従って席を替えるとすると，生徒はそれぞれ影付きの座席から影の付いていない座席へまたはその反対へと移動しなければならない．しかし，影付きの座席は13あるのに対し，影の付いていない座席は12しかない．よって，シュトラウス先生の規則に従って席替えすることは不可能である．

問題 8.2

　チェーンの輪1個に切れ目を入れて再び溶接するのに1ドルかかる．ある女性は7個の輪を1本のチェーンにしたい．そのためにかかる最小費用はいくらか．

図8.4

ありがちなアプローチ

まず思いつくアプローチは，6個の輪を開いてつなげてから溶接して閉じるというものだ．これには6ドルかかる．費用を削減する別の方法があるに違いない．

エレガントな解法

図を描く（視覚的に表現する）ストラテジーを使おう．

図8.5のように2番の輪を開いて1番と2番と3番の輪をつなげる．

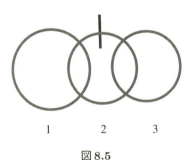

図8.5

次に，図8.6のように5番の輪を開いて4番と5番と6番の輪をつなげる．

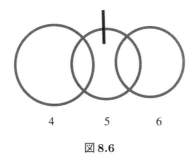

図 8.6

最後に，図8.7のように7番の輪をカットして1–2–3のチェーンと4–5–6のチェーンをつなげる．

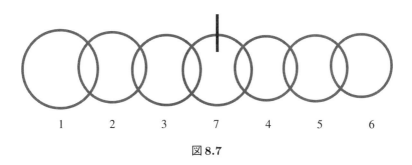

図 8.7

このチェーンを作るには3個の輪を開閉するだけでよかったので，かかる費用は3ドルとなる．

問題 8.3

平均して1羽半の雌鶏が1日半に卵を1個半産むとき，6羽の雌鶏が8日で産む卵はいくつになるか．

ありがちなアプローチ

これは昔から出題されている問題で，従来の解き方は次のとおりである．

134 　第8章　図で視覚的に表現する

$\dfrac{3}{2}$ 羽の雌鶏が $\dfrac{3}{2}$ 日で産卵するので，$\dfrac{3}{2}$ 個の卵を産む仕事は $\dfrac{3}{2} \cdot \dfrac{3}{2}$ すなわち $\dfrac{9}{4}$ 「羽・日」を要すると言える．同様に，もう1つの方の仕事は，$6 \cdot 8$ すなわち 48「羽・日」を要する．このことから次のような比を作る．

6羽の雌鶏が8日で産む卵の数を x とすると

$$\frac{\frac{9}{4}\,\text{羽・日}}{48\,\text{羽・日}} = \frac{\frac{3}{2}\,\text{個の卵}}{x\,\text{個の卵}}$$

となる．

内項と外項の積をとると

$$\frac{9}{4} \cdot x = 48 \cdot \frac{3}{2}$$

$$\frac{9x}{4} = 72$$

$$x = 32$$

となる．

エレガントな解法

上の解法の代わりに，問題の状況を次のように視覚的に（ここでは表形式で）表すことができる．

$$\frac{3}{2}\,\text{羽の雌鶏は}\ \frac{3}{2}\,\text{個の卵を}\ \frac{3}{2}\,\text{日で産む}$$

前の行の羽数を2倍にすると：　3羽の雌鶏は3個の卵　を $\dfrac{3}{2}$ 日で産む

前の行の日数を2倍にすると：　3羽の雌鶏は 6個の卵を3日 で産む

前の行の日数を1/3にすると：　3羽の雌鶏は 2個の卵を1日 で産む

前の行の羽数を2倍にすると：　6羽の雌鶏は4個の卵　を1日で産む

前の行の日数を8倍にすると：　6羽の雌鶏は 32個の卵を8日 で産む

問題8.4　135

したがって，6羽の雌鶏が8日で産む卵は32個となる．

問題8.4

　ジャックとサムは地元のピザ屋でアルバイトをしている．この店は年中無休である．ジャックは1日働いたら2日休みを取り，サムは1日働いたら3日休みを取る．ジャックとサムは2人とも3月1日火曜日に働いた．このほかに3月中で2人が一緒に働く日はいつか．

ありがちなアプローチ

　よくあるのは，はじめにそれぞれの少年の3月の出勤日を網羅した対のリストを作成するアプローチである．その後2つのリストに書かれた日付を比較して2人が一緒に働く日を見つけ出す．この解法は十分有効で，最終的には正答が得られる．

エレガントな解法

　この問題は視覚的表現を用いて考えるともっと効率よく解くことができる．カレンダーを描いてそれぞれの少年が働く日に彼らのイニシャルを書き込むだけだ（Jはジャック，Sはサムを表す）．

S	M	T	W	TH	F	S
		J 1 S	2	3	J 4	5 S
6	J 7	8	9 S	J 10	11	12
J 13 S	14	15	J 16	17 S	18	J 19
20	21 S	J 22	23	24	J 25 S	26
27	J 28	29 S	30	J 31		

　2つのイニシャルが書かれた日が彼らが一緒に働く日である．この図を見れば，それが3月13日と3月25日であるとすぐにわかる．

136　第8章　図で視覚的に表現する

また視点を変えてみるのも賢いアプローチである．各少年の勤務サイクルの日数を表す4と3という数は互いに素である．2つの数の公倍数である12は，彼らが一緒に働く日の周期を表すことになる．よって，1日の次に彼らが一緒に働くのは，$1 + 12 = 13$ 日で，その次が $13 + 12 = 25$ 日である．

問題 8.5

郡の農業祭の会場には，特定の活動への参加者数を毎日調査する係が何人かいる．ロザリンデのメモには，月曜日から土曜日までに510人がアーチェリー場に来たとあった．ガブリエルの記録では，月曜日から水曜日までに392人が同場に来た．フランクによると，火曜日と金曜日には合わせて220人が同場に来た．アデーレによると，水曜日と木曜日と土曜日には合わせて208人が同場に来た．最後にアルフレートによると，木曜日から土曜日までに118人が同場に来た．これらの数字がすべて正しいとすると，月曜日にアーチェリー場に来たのは何人か．

ありがちなアプローチ

曜日を表す変数を使って連立方程式を立てるのが普通のアプローチである．そうすると次のように6つの変数を含む5つの線形方程式が得られる（ただし，M：月，T：火，W：水，H：木，F：金，S：土とする）．もちろんどの方程式にもすべての変数が出てくるわけではない．

$$M + T + W + H + F + S = 510 \tag{8.1}$$

$$M + T + W = 392 \tag{8.2}$$

$$T + F = 220 \tag{8.3}$$

$$W + H + S = 208 \tag{8.4}$$

$$H + F + S = 118 \tag{8.5}$$

これらを連立して解くことで答えを得ようするかもしれないが，そのプロセスもまたかなり複雑で，手に負えないことがほとんどである．（方程式

(8.3) と (8.4) を (8.1) から引くことで M = 82 が得られることに気づく人は
少ない.)

エレガントな解法

報告された参加者数を図で視覚的に表現しよう.

	月	火	水	木	金	土	合計
ロザリンデ	×	×	×	×	×	×	510
ガブリエル	×	×	×				392
フランク		×			×		220
アデーレ			×	×		×	208
アルフレート				×	×	×	118

月曜日を除いてどの曜日も 3 人から報告があることがわかる. そのためロ
ザリンデ以外の 4 人が報告する参加者数は,「報告が欠けている」月曜日以
外は実際の 2 倍となる. このことから次の方程式が得られる.

$$2 \cdot 510 - (392 + 220 + 208 + 118) = (月曜日の参加者数)$$

$$1020 - 938 = 82$$

月曜日にそのブースに来た人は 82 人であった.

問題 8.6

アマンダ, イアン, サラ, エミリーは, それぞれペットのカエルを農業祭
で行われるカエルジャンプ大会に参加させ, 誰のカエルが一番遠くまで飛ぶ
か競争することにした. アマンダのカエルはエミリーのカエルに勝ったが,
1 位ではなかった. サラのカエルはアマンダのカエルに負けたが, 最下位で
はなかった. 4 匹のカエルの順位はどうだったか.

138　第8章　図で視覚的に表現する

ありがちなアプローチ

　最もよくあるアプローチは，チップやメダルや硬貨を4枚使ってカエルを表し，飼い主の名前が書かれたステッカーをそれらに貼るというものだ．その後，与えられた条件を満たす結果が得られるまでその「カエル」をあちこち動かす．

エレガントな解法

　視覚的表現を使えばもっと簡単である．結果について，アマンダのカエルはエミリーのカエルに勝ったが1位ではなかったと最初に書かれているので，まずは次のような図が描ける．

$$\underline{\text{アマンダ} \leftarrow \text{エミリー}}$$

　サラのカエルはアマンダのカエルに負けたが最下位ではなかったと書かれているので，図を続けると順位は次のようになる．

$$\underline{\text{イアン} \leftarrow \text{アマンダ} \leftarrow \text{サラ} \leftarrow \text{エミリー}}$$
$$\quad 1 \qquad\quad 2 \qquad\quad 3 \qquad\quad 4$$

　図によってカエルの順位がわかりやすくなった．

問題8.7

　キャンプ・ウォルデンに来ていた男の子40人のうち，湖で水泳をしたのは14人，バスケットボールをしたのは13人，森にハイキングに出かけたのは16人だった．このうちバスケットボールと水泳をしたのが3人，水泳とハイキングをしたのが5人，バスケットボールとハイキングをしたのが8人だった．そして3つすべてのイベントを体験したのは2人だった．このキャンプで何にも参加しなかったのは何人か．

ありがちなアプローチ

まず上記の活動に参加した人数を全部足してから重複分を引くことで問題を解こうとするのが普通かもしれないが，この方法が有効であることはめったにない．

エレガントな解法

視覚的表現を使って考えよう．ベン図を使ってデータを視覚化することにする（図8.8）．

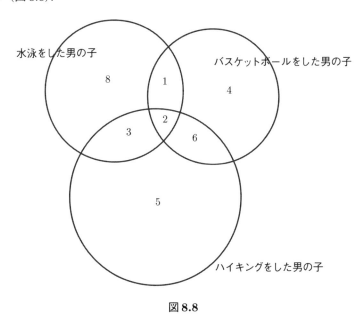

図 8.8

3つの円が重なる部分には3つのイベントすべてを体験した2人の男の子が含まれる．これらの円は次のことを表している．

水泳をした人 = 14

バスケットボールもハイキングもした人 = 8

水泳もバスケットボールもした人 = 3

140　第8章　図で視覚的に表現する

バスケットボールをした人 = 13

水泳もハイキングもした人 = 5

ハイキングをした人 = 16

ベン図の個々の部分をすべて足すと $8 + 3 + 2 + 1 + 4 + 6 + 5 = 29$ となる．キャンプ・ウォルデンには 40 人の男の子がいたが，3 つの活動に参加したのはそのうち 29 人で，残りの 11 人はいずれの活動にも参加しなかった．

問題 8.8

4000 から 5000 までの間で各桁の数字が左から小さい順に並ぶ整数はいくつあるか．

ありがちなアプローチ

最初の数字は 4 でなければならないということに気づけば，その次の数字は 5, 6, 7 のいずれかということになる．なぜなら，8 または 9 を選んでしまうと小さい順にすることができなくなるからだ．このようにちょっと論理的に考えば，結果は次のようになる．求めるべき数は，4567, 4568, 4569, 4578, 4579, 4589, 4678, 4679, 4689, 4789 である．

エレガントな解法

図を使うともっと系統立ったアプローチができるかもしれないので，問題の性質上必要なものではないが図 8.9 のような樹形図を使うことにしよう．

4 からどの枝をたどっていっても 4000 から 5000 までの範囲に収まる数になる．そのような数は 10 通りあり，4567, 4568, 4569, 4578, 4579, 4589, 4678, 4679, 4689, 4789 ができる．このように，図が必要とされる問題ではなくてもそれを使うことで求めるべき数を整理することができた．

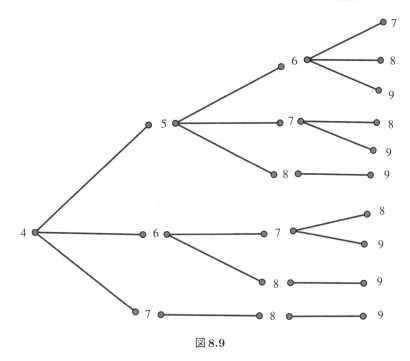

図 8.9

問題 8.9

私の弟は2本脚の猿と4本脚のバッファローの小さな置物を集めている．全部で100個の置物があって脚の数が合計260本のとき，2種類の置物はそれぞれ何個あるか．

ありがちなアプローチ

2つの方程式を連立して解くアプローチが最もよく使われる．猿の置物の数を a とし，バッファローの置物の数を b とすると，次の方程式が得られる．

$$a + b = 100$$
$$2a + 4b = 260$$

1つ目の方程式に2を掛けると

$$2a + 2b = 200$$
$$2a + 4b = 260$$

となる．

これら 2 つの方程式の辺々を引くと

$$2b = 60$$
$$b = 30$$

となる．

したがって，バッファローの置物は 30 個，猿の置物は 70 個ある．

エレガントな解法

視覚的表現を使って（図を描いて）問題を解こう．まず，問題の数をもっと扱いやすくするために 10 分の 1 にする（ただし元の数に戻すために結果を 10 倍するのを忘れてはならない）．すると脚の数は 26 本，動物の置物の数は 10 個になる．そこで 10 個の円を描いて 10 個の置物を表すことにする．置物の動物が猿かバッファローかにかかわらず，少なくとも脚は 2 本ついていなければならない（図 8.10）．

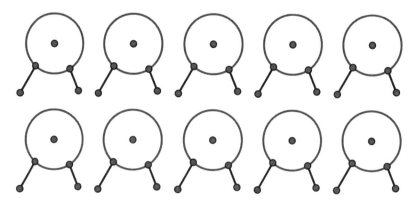

図 8.10

まだ脚が6本残っているので，それらを2本ずつ書き加える必要がある（図8.11）．

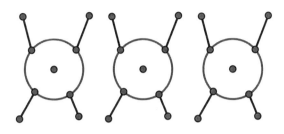

図 8.11

すると，4本脚の動物が3個で2本脚の動物が7個になる．最後にこれらを10倍すれば，バッファローの置物は30個，猿の置物は70個となる．

第9章

すべての可能性を網羅する

知ってのとおり，問題に含まれるデータを整理することで見えなかったものがよく見えるようになることがある．例えばパターンを探すときなどリストや表の形にきちんと整理されたデータが役立つわけだが，実はリストの中には**網羅的**リストという極めて重要なタイプのものがある．このタイプのリストにはすべての可能性が系統的に列挙されるため，そのどこかに探しているものが含まれている．網羅的なリストを作成することによって，すべての可能性をきちんと整理して調べることができるようになるのだ．

一例として点灯しない電灯があると仮定しよう．我々は考えられる原因をすべてリストにすることができる．（そのリストは頭に思い浮かべたものかもしれないが，それでもリストに変わりはない．）この問題は，電球切れ，電線の不良，コンセントの故障，ブレーカーの作動，または単なるスイッチの不良に起因している可能性がある．これらの項目を1つずつ除外していけば最終的に不調の原因となっている事柄にたどり着くことになる．次に数学的な例を挙げよう．

2桁の完全平方数があり，その2つの桁の間に1桁の数字を加えると3桁の完全平方数が得られる．この3桁の平方数を求めよ．

すべての可能性を調べよう．まず2桁の完全平方数をすべてリストにする．そのような数は全部で6個ある．

$$16,\ 25,\ 36,\ 49,\ 64,\ 81$$

146 第9章 すべての可能性を網羅する

次に3桁の完全平方数をすべてリストにする.

100, 121, 144, 169, 196, 225, 256, 289, 324, 361, 400, 441, 484, 529, 576, 625, 676, 729, 784, 841, 900, 961

2つ目のリストを使って各数の最初と3番目の数字を調べ, 2桁の平方数をもとに作られたのはどの数かを確かめる. その結果, **196**（16の1と6の間に9が挿入されている）, **225**（25の2と5の間に2が挿入されている）, **841**（81の8と1の間に4が挿入されている）だけが与えられた条件を満たしていることがわかる. このように2つの網羅的リストによってすべての可能性が示された. 網羅的リストは問題の答えを含んでいるだけでなく, 調べる選択肢の数を限定もするという点に注意すべきである.

この有益なストラテジーを使う例をもう1つ挙げよう.

公園のベンチに2人が座っている. そのうち1人は女性である. 2人とも女性である確率を求めよ.

すべての可能性をリストにする（M＝男, F＝女）.

$$M–M \qquad M–F \qquad F–M \qquad F–F$$

このリストは4つの可能性を示しているが, この問題の場合少なくとも1人は女性であることがわかっているので, 最初のM–Mは考える必要はなく, 実際には3つだけ調べればよい. したがって, 3つの選択肢のうち2人とも女性になるのは1つだけ, つまり2人が女性である確率は $\frac{1}{3}$ であるというのが答えである.

この問題解決テクニックの価値をもっとよく理解するために, さらに別の例を考えてみることにしよう.

地元の映画館では, 午前中2つの一連のアニメを館内の2つのシアターでそれぞれ上映している. あとで長編映画の上映があるため, どちらも午後1:00までに終了することになっている. シアターAでは, 午前9:00からアニメの上映が始まり, 9:28から再上映され, その後28分ごとに繰り返される. シアターBでは, 午前9:00から

アニメの上映が始まるが，35分ごとに再上映される．ジョアンは両方のアニメを見たい．次に2つのアニメが同時に上映されるのは何時か．

両方のシアターの上映開始時刻を網羅したリストを作ろう．

シアターA	シアターB
9:00	9:00
9:28	9:35
9:56	10:10
10:24	10:45
10:52	**11:20**
11:20	11:55
11:48	12:30
12:16	
12:44	

これ以降の開始時刻は午後1:00を過ぎるだろう．これですべて列挙できた．このリストのどこかに答えがある．これを見れば次に2つの映画が同時に始まるのは午前11:20であることがわかる．

このストラテジーはとても有益ではあるが，**すべての可能性を確実に網羅しなければならない**．そのためには系統立ったアプローチをする必要がある．選ぶことのできるすべてのストラテジーについて言えることだが，適切なものを選ぶよう気をつけなくてはならない．すべての可能性を網羅するストラテジーを使った解法は誰が見てもわかりやすいものとなる．

問題9.1

ある数学の先生は自分の現在の年齢が素数であることに気づいた．そして次に素数の年齢になるまでの年数は前回の素数の年齢から現在までの年数と同じであることがわかった．先生は今何歳か．

148   第9章　すべての可能性を網羅する

ありがちなアプローチ

　この問題を解くのに適した方法はそんなにたくさんあるわけではない．
「正しい数に出くわす」ことを期待しながらさまざまな数を試し始めるのが
一般的だ．

エレガントな解法

　すべての可能性を網羅するストラテジーの価値がここできっとわかる．次
のリストを見よう．

素数： 2　**3**　**5**　**7**　11　13　17　19　23　29　31　37　41
差：　　　1　**2**　**2**　4　2　4　2　4　6　2　6　4　2
素数： 43　**47**　**53**　**59**　61　67　71　73　79　83　89　97　101
差：　　　4　**6**　**6**　2　6　4　2　6　4　6　8　4

　1から100まで（この数学の先生の年齢については，実際には20から80
までの素数を調べるだけでよいかもしれない）の素数のリストから，隣り合
う3つの素数の差が同じである状況は2つしかないことがわかる．1つ目の
3, 5, 7は，数学の先生の年齢が5歳であるはずがないから除外されるだろ
う．2つ目の47, 53, 59は妥当な年齢の範囲を示しているように思われる．
よって，この数学の先生の年齢は53歳となる．

問題 9.2

　5セント貨，10セント貨，25セント貨からなる20枚の硬貨の合計額が
3.10ドルになる組合せは何通りあるか．

ありがちなアプローチ

　問題文で与えられた情報を基にすぐに代数式を立てようと思うかもしれ
ない．そうすると $n + d + q = 20$（ここで，n, d, q はそれぞれ5セント貨，
10セント貨，25セント貨の数を表す）が得られる．これは $n = 20 - q - d$

と書き表すことができる．さらに，$25q + 10d + 5n = 310$ なので，直前の 2 つの方程式を組み合わせると $25q + 10d + 5(20 - q - d) = 310$ となるから，$4q + d = 42$，すなわち $q = 10 + \dfrac{2 - d}{4}$ となる．ここでさまざまな値を試してどれが最もうまくいくかを判断するのがよくあるアプローチである．

エレガントな解法

しかしここで，d の値についてすべての可能性を考えるという賢い方法が使える．まず，q は必ず整数でなければならないことはわかる．そこで q の分数表記の部分を分けて考える必要があるため，$\dfrac{2 - d}{4} = k$ と置くと，$d = 2 - 4k$ となる．これを上で得た式に代入すると，$q = 10 + k$ と $n = 20 - q - d = 20 - (10 + k) - (2 - 4k)$，すなわち $n = 8 + 3k$ が得られる．

$d = 2 - 4k$ であることから，k の値は 0 または負のいずれかでなければならない．

下の表は，考えられるさまざまな k の値とその結果得られる d, q, n の値を示している．

k	d	q	n
0	2	10	8
-1	6	9	5
-2	10	8	2
-3	14	7	-1

$k = 0, -1, -2$ のときはすべてうまくいっているように見える．しかし $k = -3$ のときは $d = 2 - 4(-3) = 14$，$n = 8 + 3(-3) = -1$ となり，この問題においては意味がない値となる．よって，合計額が 3.10 ドルになる組合せは 3 通りあることになる．

150　第9章　すべての可能性を網羅する

問題 9.3

　ある会社はツナ缶を缶が8個入る小さい箱か10個入る大きい箱にきっちり詰めて出荷する．この会社は経済的な理由から大きい箱をできるだけ多く使うよう常に心掛けている．ツナ缶96個の注文を受けた場合，どのように箱詰めして出荷したらよいか．

ありがちなアプローチ

　この問題はあるおもしろい数学的解法を用いるのにうってつけだ．小さい箱の数を x，大きい箱の数 y で表すと

$$8x + 10y = 96$$

が得られる．
　しかし，これは1つの方程式に2つの変数が含まれる形になっており，この場合たいていは答えが1つに定まらない．この方程式は，x と y の値が整数でなければならないので，ギリシャの数学者ディオファントス（208–292年頃）の名にちなみディオファントス方程式と呼ばれる．これを解くことができるか確かめてみよう．y を用いて x について解くと次のようになる．

$$x = \frac{96 - 10y}{8}$$
$$= 12 - \frac{10y}{8}$$
$$= 12 - y - \frac{2y}{8}$$

　ただし，x が非負の整数であるためには $-\frac{2y}{8}$ は整数でなければならない．そこで $y = 4$ としよう．すると $\frac{-2y}{8} = -1$ となり，$x = 12 - 4 - 1 = 7$ となる．よって，小さい箱は7個，大きい箱は4個となる．ほかに答えはあるだろうか．何か見つかるか調べてみよう．同じように $y = 0$ とすることにより，12と0が得られる．最後に，$y = 8$ とすると，$x = 2$ となる．

エレガントな解法

この問題を解くのに最適なストラテジーは，すべての可能性を考え，そのデータを表にまとめることである．

小さい箱	缶の数	大きい箱	缶の数	缶の合計数
12	96	0	0	96

早速1つの答えが得られたようだ．これは96個の缶を出荷しなければならないというこの問題の**数字上の条件**を満たしている．しかし別の可能性はないだろうか．というのも，この答えは大きい箱は**1つも出荷されない**ことを表している．会社としては大きい箱をできるだけ多く使うようにしているのだからこれではおかしい．表を続けてすべての可能性を調べてみよう．

小さい箱	缶の数	大きい箱	缶の数	缶の合計数
12	**96**	**0**	**0**	**96**
11	88	残りの8缶をぴったり詰めることができない		
10	80	残りの16缶をぴったり詰めることができない		
9	72	残りの24缶をぴったり詰めることができない		
8	64	残りの32缶をぴったり詰めることができない		
7	**56**	**4**	**40**	**96**
6	48	残りの48缶をぴったり詰めることができない		
5	40	残りの56缶をぴったり詰めることができない		
4	32	残りの64缶をぴったり詰めることができない		
3	24	残りの72缶をぴったり詰めることができない		
2	**16**	**8**	**80**	**96**

答えの候補は，小さい箱が2個と大きい箱が8個，小さい箱が7個と大きい箱が4個，小さい箱が12個と大きい箱が0個の3つある．しかしこの会社は大きい箱をできるだけ多く使いたいので，問題の**答え**となるのは小さい箱が2個と大きい箱が8個である．数学的観点からすると，3つの候補とも96個の缶を出荷するという与えられた条件を満たしていることに注意すべき

152 第9章 すべての可能性を網羅する

だ. だが問題の文脈から, 表で示された3つの候補のうち2つは除外される.

問題 9.4

普通のサイコロは向かい合う面の目の数の和が7になる. そのサイコロの隣接する3つの面の目の数の和は何通りあるか.

ありがちなアプローチ

一般的には, サイコロの絵を書いて隣接する面の目の数を系統立てて数えることで答えを見つけ出そうとするだろう. また, 隣接しているかどうかは考えずに, 任意の3つの面の目の数の可能な組合せを全部書き出そうとする人もいるだろう.

エレガントな解法

すべての可能性を考慮できるようにデータを整理しよう. 向かい合う面の目の数の和は7だから, そうなるのは

$$1 と 6$$
$$2 と 5$$
$$3 と 4$$

の場合だけである.

さて, 隣接する3つの面は必ず1つの頂点を共有することは自明である. 頂点は8つあるから, 隣接する3つの面は8組できる. ではそれらの和が全部異なるかどうか確かめよう. そのために, 上に示した3組の向かい合う面の各組から数字を1個ずつ選んでできる3つ組の数をすべて選び出してそれらの和をとることにする. すべての可能性を確実に網羅するために系統立てて選んでいく.

$\{1,2,3\}:$ 合計 $= 6$ $\qquad$ $\{1,5,3\}:$ 合計 $= 9$ $\qquad$ $\{6,2,3\}:$ 合計 $= 11$

$\{6,5,3\}:$ 合計 $= 14$ $\qquad$ $\{1,2,4\}:$ 合計 $= 7$ $\qquad$ $\{1,5,4\}:$ 合計 $= 10$

$\{6,2,4\}:$ 合計 $= 12$ $\qquad$ $\{6,5,4\}:$ 合計 $= 15$

8つの頂点から予想したとおり，8通りの和ができる．

問題 9.5

　前回の国勢調査のとき，ある男性は国勢調査員に自分には子供が3人いると伝えた．子供の年齢を聞かれたとき，その男性は「年齢は教えられないが，子供たちの年齢の積は72だと言っておこう．さらに子供たちの年齢の和は我が家の住居番号と同じだ」と答えた．調査員はその家の前に走って行って番号を確認した．「まだわからないわ」と彼女は言った．男性は「ああ，そうそう，言い忘れてたけど，一番上の子はブルーベリーパンケーキが大好きなんだ」と答えた．国勢調査員はすぐに子供たちの年齢を書き留めた．子供たちはそれぞれ何歳か（年齢は非負の整数とする）．

ありがちなアプローチ

　連立方程式を立てようとするアプローチが最も一般的である．3人の子供の年齢を x, y, z とすると

$$x \cdot y \cdot z = 72$$
$$x + y + z = h \quad \text{（ここで} h \text{は住居番号）}$$

となる．

　これは変数が4つ，方程式が2つの連立方程式になっていてちょっと手に負えない状況である．この問題を解くのは無理そうだ．推測はできるだろうが，答えにたどり着くまでには長い時間がかかるかもしれない．

154　第9章　すべての可能性を網羅する

エレガントな解法

すべての可能性を網羅するストラテジーを使おう．子供たちの年齢の積は72だから，まずは積が72になる3つ組の数をすべて書き並べる．考えられるすべてを確実に網羅するためにデータ整理のストラテジーも使うことにする．

1, 1, 72	1, 4, 18	2, 2, 18	2, 6, 6
1, 2, 36	1, 6, 12	2, 3, 12	3, 3, 8
1, 3, 24	1, 8, 9	2, 4, 9	3, 4, 6

1, 8, 9 より後は「折り返して」調べていることに注意しよう．以上が積が72となる3つ組の数の完全な集合である．このリストのどこかに答えが潜んでいる．すでに子供の年齢の和は住居番号と同じであることもわかっている．

$$1 + 1 + 72 = 74 \quad 1 + 4 + 18 = 23 \quad 2 + 2 + 18 = 22 \quad \mathbf{2 + 6 + 6 = 14}$$

$$1 + 2 + 36 = 39 \quad 1 + 6 + 12 = 19 \quad 2 + 3 + 12 = 17 \quad \mathbf{3 + 3 + 8 = 14}$$

$$1 + 3 + 24 = 28 \quad 1 + 8 + 9 = 18 \quad 2 + 4 + 9 = 15 \quad 3 + 4 + 6 = 13$$

国勢調査員は男性の家の住居番号を見たが，子供たちの年齢はわからなかった．なぜだろう．例えば，もしその番号が18だったら，子供たちは1歳，8歳，9歳だとすぐにわかるはずだ．それなのに，調査員がこれらのうちどれが正しい組合せか判断できないのは，3つ組の数で和が14になるものが2組あったからだろう．住居番号は14だったにちがいない．一方，男性が「一番上の子はブルーベリーパンケーキが大好きなんだ」と言ったとき，国勢調査員は一番上の子がいるはずだとわかった．子供たちは3歳，3歳，8歳だったにちがいない．なぜなら，2, 6, 6という3つの数には一番上になる年齢がないからである．

ブルーベリーパンケーキは実は引っ掛けにすぎない．「一番上」という言葉こそこの問題を解く手がかりなのである．

問題 9.6

図 9.1 において，2 つの円に同時に接する共通接線の数を求めよ．

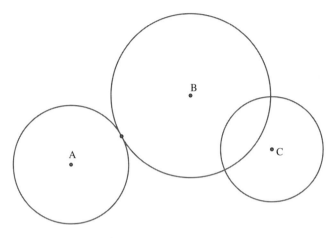

図 9.1

ありがちなアプローチ

共通接線をすべて書いてそれらを数えることはできるだろうが，おそらく図が非常に込み入ってきてしまい，必ずしも全部の共通接線が得られるとは限らない．

エレガントな解法

この問題を整理して解くには，1 度に 2 つの円を選んですべての可能性を考える．

円 A と B：2 本の外接線 + 1 本の内接線

円 A と C：2 本の外接線 + 2 本の内接線

円 B と C：2 本の外接線

よって，接線は全部で9本である．すべての可能性を網羅することで容易に解けた．

問題 9.7

マリアは父親が娯楽室の長方形の床にタイルを貼るのを手伝っている．彼らが使うのは正方形のタイル 2005 枚で，黒いタイルと白いタイルがある．床の縁には黒いタイルを1列に貼り，残りはすべて白いタイルを貼る．娯楽室の床を仕上げるのに白いタイルは何枚使われたか．

ありがちなアプローチ

問題文を図にすると，図 9.2 のような 2 個 1 組の長方形が描ける．内側の長方形の縦横の長さを x と y とすると，外側の長方形の縦の長さは $x+2$，横の長さは $y+2$ となる．

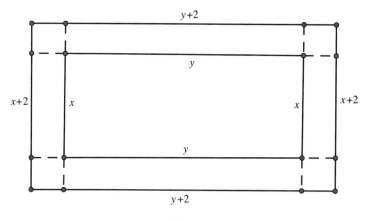

図 9.2

与えられた情報を次のように方程式で表すのは自然な流れだ．

$$(x+2)(y+2) = 2005$$

この方程式を展開して簡単にすると，

$$xy + 2y + 2x + 4 = 2005$$

$$xy + 2y + 2x = 2001$$

が得られる.

この方程式には2つの変数が含まれている.しかも求めるものは xy である.これではジレンマに陥ってしまうので,現実的な解法ではない.

エレガントな解法

少し論理的推論を働かせて,与えられた情報を別の視点から,すなわちすべての可能性を考えて調べることにする.2005というタイルの数を因数分解すると,$1 \cdot 2005$ か $5 \cdot 401$ の2通りしかできない.これは,求めたい長方形の縦横の長さは2通り考えられることを示している.1つ目の状況は無視してよい.なぜなら,長方形の縦の長さが1だと,白いタイルは1枚も無いことになってしまうからだ.ということは,娯楽室の床は縦5枚,横401枚のタイルで構成されなければならない.外側の「枠」の部分には黒いタイルを1列貼るので,白いタイルだけを貼る内側の長方形の大きさは,縦と横がそれぞれタイル2枚分,角がそれぞれ1枚分少なくなる.外側の長方形の縦横の長さからそれぞれタイル2枚分を除くと,内側の長方形に貼る白いタイルの数は,$3 \cdot 399$ すなわち1197となる.したがって,娯楽室の床を覆うのに使われた白いタイルは1197枚であった.

問題 9.8

-100 から $+100$ までの整数のうち,2乗すると一の位が1になる整数はいくつあるか.

ありがちなアプローチ

最初に1から100までの整数を全部書き並べるのは自然なことだ.それから一つ一つ2乗して,一の位が1になる整数を数える.そして得られた数を

158　第9章　すべての可能性を網羅する

−1から−100までの整数も考慮して2倍する．

エレガントな解法

すべての可能性を網羅するストラテジーを使おう．2乗して一の位が1になる数は，一の位が1または9の数だけである．よって，考えられるのは1, 11, 21, 31, 41, 51, 61, 71, 81, 91, 9, 19, 29, 39, 49, 59, 69, 79, 89, 99のちょうど20個である．負の数を含めるために2倍すると，考えられるすべての数が得られる．すなわち与えられた範囲内にこの条件を満たす整数は40個ある．

問題 9.9

下の図9.3の立方体は3つの面が見えている．この立方体の6つの面に連続した番号が付けられているとき，6面すべての番号の和を求めよ．

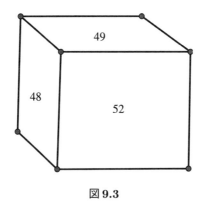

図 9.3

ありがちなアプローチ

ほとんどの人は立方体の面に見えている数字が48, 49, ... から始まっていることに気づく．単に数列を続けて6つの項を求め，各面の数は48, 49, 50,

51, 52, 53 だと考えるのが最も一般的である．もう 1 つの面に見えている 52 という数が上の数列に現れていることからすっかり満足して，これら 6 つの数の和は 303 だと答える人もいる．

エレガントな解法

しかしながら，そういう人たちはすべての可能性を考えていない．見えているのは 6 面のうちの 3 面である．48, 49, 52 が見えているので，50 と 51 はあるはずだ．だが 6 つ目の数は数列のいずれの端にもありうる．つまり，6 つ目の数については 47 か 53 の 2 つの可能性がある．このことから，和も 297 か 303 の 2 つが考えられる．

第10章

知的に推測し検証する

どういう訳か推測を問題解決のストラテジーとして考えること自体に眉を
ひそめる人がいる．実際，自ら進んで普通とは違う答えを述べた生徒に先生
が「君は知ってて答えているのか，それとも単なる推測なのか」と言うのを
思い出す人は多い．この推測・検証法は，本によっては「試行錯誤」法とも
呼ばれるが，こちらはより否定的な表現と考えられることがある．推測・検
証に知的という修飾語が付くことで，これは実際に実用的であって役立つこ
とが多いストラテジーだと安心するはずだ．

推測・検証のストラテジーは，日常生活のほとんどの場面で使われている．
例えば，オーブンで肉をローストするときには肉の焼け具合を推測する．そ
して肉用温度計を使ってその推測が正しかったかどうか確かめる．正しくな
ければ，肉をオーブンに戻してもうしばらく火を通してからこのプロセスを
繰り返す．また，車を運転しながらある場所を探しているときには，その場
所が特定の通りにあるだろうと推測する．そこにないことがわかれば，最初
の推測から得られたすべての情報に基づいて推測し直す．

問題解決において，ある問題の一般的な状況があまりにも複雑な場合は，
このストラテジーを用いて推測しながら具体的にしていくことができる．推
測したことを検証するたびに次の推測の精度を高められ，最終的な答えにつ
ながる情報が得られる．

問題解決の一助として行う推測は，ただやみくもに行ったり，明白な理由
もなくでたらめに行ったりすべきではない．問題をよく読んでから可能な
アプローチを決め，適切な場合に推測をする．そして問題で与えられている

162   第10章 知的に推測し検証する

条件に基づいて検証する．問題が解決しなければ，前の推測から得られた情報を基にもう一度推測し，この新たな推測を検証する．このプロセスを繰り返し，前に行った推測・検証から得られた情報を基にして次の推測の精度を高めていけば，ついには問題を解決できるだけの情報が得られる．例えば，2, 0, 4, 3, 6, 7, 8, 12, 10, 18, ＿, ＿ という数列の下線部に当てはまる数を求めよという問題があるとする．気づくことは何だろう．この数列は不規則に増減しているように見える．ひょっとすると2つの数列が混ざり合っているかもしれない．このような考え方は**知的推測**と言えそうだ．では検証してみよう．

数列1： 2 4 6   8 10   （奇数番目の項）

数列2： 0 3 7 12 18   （偶数番目の項）

この推測は正しかったようだ．やはり2つの数列が混ざり合っている．数列1は偶数で構成されている．この数列で次に来る項は12だろう．数列2は，隣り合う項の差が1ずつ増えて，差が3, 4, 5, 6のようになっている．次の項は25になる．これで下線部に当てはまるのは12と25ということになり，答えが得られた．ここではパターンを見つけるストラテジーも使われていた点に注意が必要である．問題を解くときに複数のストラテジーが用いられることはよくあることだ．

また，推測がやみくもに行われていたわけではなかったことにも注意しよう．むしろ与えられたものと求めたかったものについてよく**観察**した上で行われた．つまり知的に行われたわけだ．**知的推測・検証**と言われるのには理由があることを覚えておいてもらいたい．これはとても有益なストラテジーなのである．

このストラテジーを使ってもう1つ問題を考えよう．

ある地元の会社はソリッドゴムボールとソフトゴムボールの注文に応じている．ソフトゴムボールの重さは1個1オンスで，ソリッドゴムボールは中にゴムが詰まっているため1個2オンスの重さがあるが，どちらも大きさは全く同じである．1つの箱にはボールが50個入り，配送料が最も安くなるのは中身の重さが80オンスちょう

163

どの場合である．このときそれぞれのボールを何個ずつ箱に詰めた
らよいか．

代数を使うより，知的推測・検証のストラテジーを使うアプローチのほう
がおもしろい．推測したことを記録しておく表を作って，それぞれ半分の25
個から始めることにしよう．

| ソリッドゴムボール | ソフトゴムボール | | 重さの合計 | |
(重さ)	(重さ)			
25 (50)	25	(25)	75	(少なすぎる)
35 (70)	15	(15)	85	(多すぎる)
30 (60)	20	(20)	80	ピッタリだ

ソリッドゴムボールを30個とソフトゴムボールを20個詰めればよい．ほ
かの値を試したとしても，上の正解に向かっていくことに気づくだろうが，
知的推測をすることによって推測の範囲を限定することができた．
　次の問題もこのストラテジーを使うとうまく解ける．

　ダーツ競技は多くの国で盛んに行われているスポーツである．パメ
ラは，2, 3, 5, 11, 13 の数字が振られたセクションに分かれている
ダーツボードに何本か矢を投げた．パメラの得点が150点のとき，
彼女が投げた矢は最小で何本か．

最も少ない矢の数を求めたいので，点数の高いセクションの獲得数をでき
るだけ多くするようにすべきである．推測を行いデータを表にまとめよう．

13	11	5	3	2	矢の数	合計点
12					12	156 (大きすぎる)
11		1		1	13	150
10		4			14	150
9	**3**				**12**	**150**
8	4			1	13	150

(次頁へ続く)

164　第10章　知的に推測し検証する

<table>
<tr><td colspan="8">（前頁の続き）</td></tr>
<tr><td>13</td><td>11</td><td>5</td><td>3</td><td>2</td><td>矢の数</td><td></td><td>合計点</td></tr>
<tr><td>7</td><td></td><td>11</td><td></td><td>2</td><td>20</td><td>150</td><td></td></tr>
</table>

　パメラが投げた矢の数で最も少ない場合の数は12本であった．ここでも推測したことの追跡に役立つデータ整理のストラテジーを用いたことに注意すべきである．知的推測・検証のストラテジーを使うときには，推測から得られる情報を追跡するのに表が役に立つことが多い．

問題 10.1

　地元の農場のブルーベリー畑にはブルーベリーの木が正方形に並んでいて，縦と横の列の数が同じになっている．農夫は縦と横の列の数を同じだけ増やして畑を大きくすることにした．新たに広がった部分にはブルーベリーの木が211本植えられる．元の大きさの畑には1列に何本の木が植わっていたか．

ありがちなアプローチ

　代数を使って方程式を立てることができる．縦横の列の数を x とすると，元々あった木の本数は $x \cdot x$, すなわち x^2 である．縦横それぞれの列に追加される木の本数を b とすると，追加後の木の本数は $(x+b)^2$ となる．ここで次の方程式が得られる．

$$x^2 + 211 = (x + b)^2$$
$$x^2 + 211 = x^2 + 2bx + b^2$$
$$211 = b^2 + 2bx$$

　しかし，困ったことになった．得られたのは b に関して2次で x も含んでいる式が1つだけである．さてどうしたものか．変数に値を代入してこの方

程式が解けるか確かめることができるかもしれない．それで正しい答えに至る可能性はあるが，あまり効率のよい方法ではない．

エレガントな解法

知的推測・検証のストラテジーを使おう．211 という数は偶然にも素数であり，x と b は非負の整数でなければならない．上の方程式を因数分解すると

$$211 = b(b + 2x)$$

が得られる．

211 は素数だから，約数は 211 と 1 の 2 つしかない．よって，b は 1 と等しく，$b + 2x$ は 211 と等しくなければならない．すると，$2x = 210$ だから $x = 105$ である．元の大きさの畑には 1 列に 105 本の木が植わっている．

問題 10.2

ジャックは庭にフェンスで囲んだ長方形の菜園を作りたい．用意したフェンスは 20 フィートある．囲う面積をできるだけ広くしたいのだが，縦と横の長さをどのくらいにしたらよいか．

ありがちなアプローチ

直感的に思い浮かぶのは代数的なアプローチだ．連立方程式を立て解いてみよう．縦の長さを x，横の長さを y で表すと

$$2x + 2y = 20 \quad \text{すなわち} \quad x + y = 10$$

が得られる．

2 つ目の方程式を立てるにあたり，**最大面積**をどのように表したらよいかという新たな問題が生じる．すなわち $xy = （最大値）$ を得たいわけだが，どうすればいいのだろう．このアプローチは諦めざるを得ないようだ．

166   第10章　知的に推測し検証する

エレガントな解法

　縦が8で横が2のとき上の方程式が成り立つということはすぐに推測できるが，ほかの数の組合せも可能である．知的推測・検証のストラテジーを使って縦横の長さがいくつのときに面積が最大になるか確かめよう．推測したことを表に記録していく．面積を求めるには縦の1辺の長さと横の1辺の長さを掛けるので，表では半周の長さである10を使う．縦の長さの最大限の値から始めよう．

縦の長さ	横の長さ	面積
9	1	9
8	2	16
7	3	21
6	4	24
5	**5**	**25**
4	6	24
3	7	21
2	8	16
1	9	9

　5×5の長方形（正方形）の面積が最も大きいようだ．しかしそれぞれの長さが小数の場合はどうだろうか．問題には整数でなければならないとは書かれていなかった．表に小数を含む縦横の長さをいくつか加えて見てみよう．

縦の長さ	横の長さ	面積
9	1	9
8	2	16
7	3	21
6.5	3.5	22.75
6	4	24
5.5	4.5	24.75
5	**5**	**25**

（次頁へ続く）

| | （前頁の続き） | |
縦の長さ	横の長さ	面積
4.5	5.5	24.75
4	6	24
3	7	21
2	8	16
1	9	9

　周の長さが20フィートの長方形の面積が最大になるのは，5フィート×5フィートの正方形のときのようだ．周の長さが一定の長方形の場合，面積が最大になるのは正方形のときであることをすでに知っている人もいよう．そうであれば，答えは周の長さが20の正方形のときの面積となり，$5 \times 5 = 25$ 平方フィートだとすぐにわかる．

問題 10.3

　510より大きい最小の素数を求めよ．（**素数**とは1とその数自体以外に約数を持たない数であるということを思い出そう．）

ありがちなアプローチ

　この問題が求めているのは510より大きい最小の素数なので，まずは511，次に512と1つずつ順番に取り上げ，それぞれその数の半分の数までで割っていって約数を見つける．どれでも割り切れなければその数は素数だとわかる．

エレガントな解法

　知的推測・検証のストラテジーを使って考えられる選択肢の範囲を絞り込もう．510より大きい数で，一の位が0, 2, 4, 5, 6, 8の数は素数であるはずがないことはわかる．さらに，各桁の和が3の倍数になる数は3で割り切れ

168   第 10 章　知的に推測し検証する

ることが思い出されるかもしれない．これにより，510 より大きい数で可能
性のあるものの中から例えば 513 などいくつかの数が除外され，推測される
選択肢は 511, 517, 521 などに絞られる．求める素数は 521 であることがわ
かる．

問題 10.4

　グスタフ（Gustav），ヨハン（Johann），リヒャルト（Richard），ヴォルフ
ガング（Wolfgang）の 4 人はマイルリレーのチームメンバーである．偶然に
も，走る順番は名前のアルファベット順と同じになっている．各走者は 4 分
の 1 マイルトラック 1 周を前の走者より 2 秒早く走る．彼らは 3 分 40 秒ちょ
うどでレースを終えた．各走者のラップタイムを求めよ．

ありがちなアプローチ

　この問題は簡単な代数を使って次のように解くことができる．

$$x = グスタフのラップタイム$$

$$x - 2 = ヨハンのラップタイム$$

$$x - 4 = リヒャルトのラップタイム$$

$$x - 6 = ヴォルフガングのラップタイム$$

$$x + (x - 2) + (x - 4) + (x - 6) = 220$$

$$（3 分 40 秒 = 220 秒）$$

$$4x - 12 = 220$$

$$4x = 232$$

$$x = 58$$

　よって，グスタフのラップタイムは 58 秒，ヨハンは 56 秒，リヒャルトは
54 秒，ヴォルフガングは 52 秒である．

エレガントな解法

当然のことながら，上の解法は代数方程式の知識を要するが，この問題は知的推測・検証のストラテジーを使って解くこともできる.

走者たちは大体同じ速さで走ると仮定すると，220 を 4 で割ればよいので，最初の推測として 55 という値が得られる.

	グスタフ	ヨハン	リヒャルト	ヴォルフガング	合計
推測 1	55	53	51	49	208（少なすぎる）
推測 2	60	58	56	54	228（多すぎる）
推測 3	59	57	55	53	224（多すぎる）
推測 4	58	56	54	52	220（正しい）

以上よりグスタフのラップタイムは 58 秒，ヨハンは 56 秒，リヒャルトは 54 秒，ヴォルフガングは 52 秒であったことがわかる.

問題 10.5

ダンが持っている箱には 13 セント切手と 8 セント切手の 2 種類だけが入っている．彼が送りたい小包の郵送料は 1 ドルちょうどである．13 セントと 8 セントの切手だけを使うと，ダンは小包にそれぞれ何枚ずつ貼ることになるか.

ありがちなアプローチ

代数を使ってこの問題を解いてみよう．13 セント切手の数を x，8 セント切手の数を y で表すと，次の方程式が得られる.

$$0.13x + 0.08y = 1.00$$

全部セントに直すと，

$$13x + 8y = 100$$

となる.

170　第10章　知的に推測し検証する

この場合1つの方程式に変数が2つあるので，答えが1つに定まらないことになる．とはいえ，切手の数は必ず整数なので，このいわゆるディオファントス方程式を解いてみる．

まずyについて解くと，$y = \dfrac{100 - 13x}{8}$ となる．この割り算を実行して商と余りに分け，余りも一緒に表記すると，$y = 12 - x + \dfrac{4 - 5x}{8}$ が得られる．

しかし，分数の切手を持つことはできないので，分数の部分は非負の整数でなければならない．分数の部分が整数になるようなxの値を選ぼう．$x = 4$とすると，$y = 12 - 4 + (-2)$，すなわち$y = 6$となる．

したがって，ダンは8セント切手を6枚，13セント切手を4枚使うことになる．（でも，ほかの可能性はないのだろうか．考えられる答えはこれで**全部**なのだろうか．）

エレガントな解法

データをまとめる表を使って知的推測・検証のストラテジーを用いると，もっと簡潔明快なアプローチができる．

13セント 切手の枚数	金額 （セント）	8セント切手の枚数と金額	合計金額
7	91	8セント切手で残りの9セントは作れない	
6	78	8セント切手で残りの22セントは作れない	
5	65	8セント切手で残りの35セントは作れない	
4	**52**	**8セント切手6枚で48セントである**	1ドルになる
3	39	8セント切手で残りの61セントは作れない	
2	26	8セント切手で残りの74セントは作れない	
1	13	8セント切手で残りの87セントは作れない	
0	13	8セント切手で残りの1ドルは作れない	

このように，13セント切手4枚と8セント切手6枚でダンが必要としている1ドルちょうどになる．これが考えられる唯一の答えであることを表がはっきり示していることに注意しよう．

問題 10.6

2つの正の整数の差は5で，それらの平方根の和も5になるとき，この2つの整数を求めよ．

ありがちなアプローチ

次のように連立方程式を立てるのが常套的なアプローチである．

$x =$ （1つ目の整数），$y =$ （2つ目の整数）とおくと

$$y = x + 5$$
$$\sqrt{x} + \sqrt{y} = 5$$

となる．ゆえに

$$\sqrt{x} + \sqrt{x + 5} = 5$$

となる．

両辺を平方すると

$$x + x + 5 + 2\sqrt{x(x + 5)} = 25$$

となる．

これを簡単にすると

$$2\sqrt{x(x + 5)} = -2x + 20$$

となる．

再び平方すると

$$4x^2 + 20x = 4x^2 - 80x + 400$$
$$100x = 400$$
$$x = 4$$
$$y = 9$$

172 第 10 章 知的に推測し検証する

となる.

よって 2 つの整数は 4 と 9 である.

エレガントな解法

言うまでもなく，上の方法では根号を含む方程式の知識が求められるし，代数的操作を慎重に何度も行わなければならない．そこで，代替手段として知的推測・検証のストラテジーを使って解いていこう．2 つの整数の平方根の和は 5 であることから，それぞれの平方根は 4 と 1，または 3 と 2 であるはずだ．よって，2 つの整数は 16 と 1，または 9 と 4 のどちらかしかない．ただし，この 2 乗した数の差は決まっており，それを考慮すれば，9 と 4 の差は 5 であるからこれが正しい答えだととわかる.

問題 10.7

サッカーチームのコーチは，選手たちにそれぞれ自分の背番号を選ばせる．マックスとサムはサッカーチームだけでなく数学チームにも所属しており，彼らはとても特別な 1 組の数を選ぶ．選んだ数を 2 乗すると，それぞれ 2 桁の平方数になる．さらにそれらの 2 つの平方数を隣り合わせに並べたときにできる 4 桁の数も完全平方数になる．彼らが選んだ数は何か.

ありがちなアプローチ

ほとんどの人は，1, 2, 3, 4, 5, ... と順番にそれぞれの数を 2 乗して，どれが 2 桁の完全平方数になるかを確かめた後，得られた完全平方数を隣り合わせに並べてどれが完全平方数になるか見ようとする．しかし，単なる当てずっぽうでは時間の効率があまりよくない.

エレガントな解法

知的推測・検証のストラテジーを使い，まず数の選択範囲を限定しよう.

2乗して2桁の数になるということは，元の数は4から9までの数でなければならない．なぜなら，1, 2, 3は2乗すると1桁の数にしかならず，10, 11, …, 31は3桁の数になるからだ．したがって，得られる平方数は16, 25, 36, 49, 64, 81である．16から順番にそれぞれどの数と並べたら完全平方数ができるか確かめる．1625を調べたら（これは完全平方数ではない），2516も調べる必要がある（これも完全平方数ではない）ことに注意しよう．賢く推測していくために，16と残りの2桁の数も組み合わせてみる．16と81の組合せのとき1681が得られるが，これは41^2である．マックスとサムが選んだ数は4と9であった．

ちなみに，3と4の場合でも$3^2 = 9$と$4^2 = 16$となり，並べると169という完全平方数が得られるが，問題文には4桁の完全平方数ができると明記されていたので，これは答えから除外される．

問題 10.8

毎週リサは宿題として算数の問題を26問解かなければならなかった．父親はリサを励まそうと，彼女に「1問正解につき8セントあげよう．ただし1問間違えるごとに5セント差し引くよ」と約束した．リサは宿題を終えると，父親からもらえる額はゼロで，父親に渡す額もゼロであることに気づいた．リサは何問正解したか．

ありがちなアプローチ

この問題は素直に代数的にアプローチすれば解ける．

リサが正解した数をx，間違えた数をyで表すと

$$8x - 5y = 0$$
$$x + y = 26$$

となる．

第1式から$8x = 5y$となり$x = \dfrac{5y}{8}$となる．

174   第10章　知的に推測し検証する

代入すると次が得られる.

$$\frac{5y}{8} + y = 26$$
$$5y + 8y = 208$$
$$13y = 208$$
$$y = 16$$
$$x = 10$$

彼女は10問正解し, 16問間違えた.

エレガントな解法

変数が2つで式が2つの連立方程式の解き方を知らない人がこれを解く場合には, 知的推測・検証のストラテジーがもってこいである. データを表に記録していこう. 中央の値から始めることにして, 正解した数を13, 間違えた数を13とする.

正解の数 × 8セント	不正解の数 × −5セント	合計
$13 \times 8 = 104$	$13 \times (-5) = -65$	39
$12 \times 8 = 96$	$14 \times (-5) = -70$	26
$11 \times 8 = 88$	$15 \times (-5) = -75$	13
$10 \times 8 = 80$	$16 \times (-5) = -80$	0

リサは10問正解して16問間違えた.

推測をまとめたこの表を見れば答えはすぐにわかる. この推測は根拠もなくでたらめに行われているわけではない点に注意すべきだ. 我々は中央の値から始めて一方を1問ずつ増やすと同時に他方を1問ずつ減らしていった. 最初の推測は答えをはるかに上回っていたので, 次からは正解数を1ずつ減らすと同時に不正解の数を1ずつ増やして, 合計を13セントずつ減らすことにしたのである.

問題 10.9   175

問題 10.9

1セント, 5セント, 10セント, 25セント, 50セントの5種類の米国硬貨がある（ここでは1ドル硬貨には触れない）. 1セントから1ドルまでどの金額でも作ることのできる硬貨の最小の枚数を求め, それらをすべて列記せよ.

ありがちなアプローチ

各種類の硬貨をたくさん用意して, 1セントから1ドルまでのすべての金額を作るのに必要な最小の枚数を見つけようとするのが1つのアプローチだ. つまり, 問題文のとおりに実際に試してみるのである. 逆向きに考えてみようとして, 50セント硬貨2枚から始める人もいるだろう. どちらにしてもあまり効率的ではない.

エレガントな解法

知的推測・検証のストラテジーを使おう. まず4セントという金額を作るためには1セント硬貨が4枚必要だということはすぐわかる. 5セント硬貨1枚を追加すると, 1セントから9セントまでのすべての金額を作ることができる. 10セント硬貨を1枚加えると, 19セントまでの金額を全部作ることができる. 10セント硬貨をもう1枚追加すると, 29セントまでの金額を全部作ることができる. 25セント硬貨を1枚加えると, 54セントまでの金額を全部作ることができる. あとは50セント硬貨が1枚あれば1セントから1ドルまでのすべての金額を作るのに必要な硬貨が揃う. 必要な硬貨は次の9枚である.

1セント,   1セント,   1セント,   1セント,

5セント,   10セント,   10セント,   25セント,   50セント

この結果を検証するには, 金額を無作為に選び, その額をこれら9枚の硬貨を使って作ってみればよい. 例えば, 73セントなら, 50セント, 10セント, 10セント, そして1セントが3枚あればできる.

176   第10章　知的に推測し検証する

問題 10.10

　古代エジプト人はずばぬけて数学に長けていた．彼らが建造したピラミットや数々の寺院がそれを証明している．彼らはいち早く分数を知り，分数を単位分数の和として表現した．（ここで単位分数とは，分子が1の分数のことである．）例えば，

$$\frac{5}{6} \text{ ならば } \frac{1}{2} + \frac{1}{3}$$

$$\frac{3}{10} \text{ ならば } \frac{1}{5} + \frac{1}{10}$$

$$\frac{11}{18} \text{ ならば } \frac{1}{3} + \frac{1}{6} + \frac{1}{9}$$

となる．

　古代エジプト人は $\frac{23}{28}$ を単位分数の和としてどのように表すだろうか．

ありがちなアプローチ

　いくつか異なる単位分数を書き並べて公分母を求め，実際にそれらを足して与えられた分数と等しくなる1組の単位分数を見つけるのが普通のアプローチだ．そんなふうにやみくもにやってもなかなか解けないだろう．候補となるものの数はほぼ無限である．

エレガントな解法

　ただの根拠のない推測ではほとんど意味がない．他方，知的推測・検証であれば筋道立ててこれを解くことができる．上の例をよく見てみよう．

　まず気づくのは，単位分数の分母はどれも元の分母の約数であることだ．最初の例では，分母の2と3はそれぞれ元の分母6の約数となっている．したがって，ここで求める単位分数の分母はすべて28の約数になるだろう．次に，どの単位分数も可能な限り最大の単位分数から始まって，2番目に大きい単位分数が続き，以下同様に続いていることに気づく．この問題の

場合，最大の単位分数は $\frac{1}{2}$ になることは明らかだ．28 の約数が分母とな

りうることから，次に続く単位分数は $\frac{1}{4}$ になるだろう．これらを足すと，

$\frac{1}{2} + \frac{1}{4} = \frac{14}{28} + \frac{7}{28} = \frac{21}{28}$ となる．しかし，求めたい和は $\frac{23}{28}$ なので，あと

$\frac{2}{28} = \frac{1}{14}$ が必要だ．よって，答えとなる単位分数の和は，$\frac{1}{2} + \frac{1}{4} + \frac{1}{14}$ で

ある．

　ここで使った方法は，分母が合成数の場合に使えるものである．分母が素

数のときには異なる方法を使わなければならない．

訳者あとがき

本書は, Alfred S. Posamentier & Stephen Krulik, *Problem-Solving Strategies in Mathematics: From Common Approaches to Exemplary Strategies* (Problem Solving in Mathematics and Beyond Vol. 01) (World Scientific, 2015) の翻訳である.

この本は, 数ある中から著者らが選んだ 10 の問題解決ストラテジーを紹介し, 数学におけるそれらの使い方を初等数学の問題を通して説明している. 初等的な問題が採用されているのは, ストラテジー自体に集中できるようにとの配慮からである. 取り上げられているストラテジーは特別な方略でもなんでもない. 各章で示されているように, 私たちが日常生活の中で何気なく使っている考え方だ. それを意識して使うことで数学の問題がいかにうまくきれいに解けるようになるかを具体的に示している. 1 つの問題に 1 つの解法で満足せず, よりエレガントな解法を目指していろいろなアプローチを試みており, 「ありがちなアプローチ」と「エレガントな解法」を並べ, ストラテジーの有効性がよく理解できるよう工夫がなされている.

著者らは, 問題解決にあたり「適切なストラテジーを選択する」ことが重要だと述べているが, 本書から離れたところで何か別の問題に出合ったとき, どのように取り組むべきか迷ったら, まずはここで学んだストラテジーを思い出し, 使えるものはないか考えてみるとよい足掛かりになるのではないだろうか.

原著の翻訳は共立出版の大越隆道氏から数学者である夫 桐木紳を通じて

180　訳者あとがき

依頼をいただいた．私はこれまでフリーの翻訳者として実務・産業翻訳の分野を専門としてきたので，出版翻訳についてはわからないことが多く，何より数学については全くの門外漢であることもあり，お話をいただいたときは少し躊躇した．しかし，数学のプロに監訳してもらえるならとお引き受けさせていただくことにした．言うまでもないことだが，適切な言葉・表現を選び取るには内容を正しく理解していなければならない．当然本書の問題を自分でも解いてみることになる．最初のうちは面倒にも感じたが，いつもと違う頭の使い方をするのが次第におもしろくなり，翻訳に苦しみ数学の問題に悩みながらも楽しく作業を進めることができた．

　実は，翻訳作業中に難儀したことがもう1つあった．原著に数多くの誤植が見つかったのである．明らかな誤植については訳者の判断で訂正したが，数学的な間違いと思われる箇所については，監訳者に確認し，必要に応じて著者にも連絡を取り確認した上で訂正した．訳注は些末な訂正箇所にまでつけてもあまり価値があるようには思えないので必要最小限に留めた．こちらからの著者への質問にはPosamentier教授が応じてくださった．迅速丁寧な回答と励ましの言葉をいただき感謝申し上げる．監訳者を務めてくれた夫は，数学的な間違いがないようしっかりチェックしてくれただけでなく，私のしつこい質問にも納得できるまで根気よく答えてくれた．記して感謝の意を表したい．

　Posamentier教授の名前のカタカナ表記についてここで触れておく．本書では「ポザメンティア」の表記を採用したが，他社から出版されている彼の著書の邦訳書には「ポザマンティエ」と表記されているものもある．ご本人に確認したところ，"s"は有声音の/z/，第3音節の母音は"men"という単語と同じ音，最後の音節の母音は例えば"peer"，"tier"などと同じ音であるとのことであった．"men"は一般的にカタカナで「メン」と表記され，"tier"は「ティア」と表記されることに鑑みて「ポザメンティア」とした次第である．英語の発音では，最初と最後の音節にアクセントが置かれる．

　翻訳においては，読者に楽しんで読んでもらえるよう，原著同様なるべく平易な表現を用い，できる限り読みやすく，誤りのないよう努めた．しか

し，それでも原著の誤植の見落とし，訳者の思い違いによる誤訳や不明瞭な箇所があるかもしれない．お気づきの点があればご教示いただけると幸いである．

　この翻訳の機会を与えてくださった共立出版の大越隆道氏には，遅れがちな作業に忍耐と寛容をもって対応してくださったことや原書の題名の魅力的な邦訳が浮かばず悩んでいたときに『数学の問題を うまく きれいに解く 秘訣』という提案をしてくださったことなど，出版に至るまで大変お世話になった．末筆ながら心より感謝申し上げる．

2017 年 8 月　桐木 由美

索　引

【ア行】

アーチェリー場問題, 136
握手問題といろいろな解法, viii
円周問題, 53, 66, 103
円の分割問題, 21, 100
置物問題, 141

【カ行】

カードゲーム, 44, 54
解決方法, v
階乗問題, 69
回文数問題, 2, 38
解法, vii
街路図問題, 23
カエルのジャンプ問題, 137
確率問題, 2, 8, 125
数え上げ問題, 3
紙の厚さ, 24
完全平方数問題, 145
記憶術, 16
幾何学的概念, 127
幾何問題, xiii, 6, 42, 53, 64, 76, 83,
　　　109, 119, 156, 165
奇数問題, 118
逆数問題, 35
逆向きに考える解法, 33

キャンプ問題, 138
共点問題, 119
極端な場合を考える, 73
距離問題, 12, 42, 77, 97, 101
金貨の重さ問題, 59
組合せ問題, xiii, 114, 150
計測問題, 4
桁数問題, 2, 10, 14, 16, 18, 28, 65,
　　　79, 104, 118, 120, 123, 140,
　　　145, 172
検証, 161
硬貨問題, 148
合同な正方形, 83
答え, vii
五芒星形問題, 103
混合物問題, 4

【サ行】

最悪のシナリオ, 73
サイコロ問題, 5, 152
座席配置問題, 131
三角形の数, 111
三角形の内接円問題, 6
三角形問題, 6, 53, 64, 66, 82, 83, 97,
　　　111, 128
算術平均問題, 74, 96

視覚的表現のストラテジー, viii, 127
試行錯誤, 161
私書箱問題, 74
指数, 67, 86, 104, 172
視点を変える, xi, 51
推測と検証, 161
水平思考, xi, 51
数学試験問題, 12
数列, 162
すべての可能性を網羅する, x, 145
図を描く, 127
正三角形問題, 97, 128
整数問題, 57, 65, 70, 93, 98, 114,
　　　123, 157, 171, 176
接線問題, 155
選挙問題, 7
ソーヤー, W. W., 15
速度問題, 3, 12, 75, 101, 168
測量問題, 36, 78, 105, 116
素数問題, 1, 9, 70, 147, 167
ソリッド・ソフトゴムボール問題,
　　　162

【夕行】

ダーツ問題, 163
対称性の問題, 49
代数問題, 44, 46, 48, 62, 64, 93, 97,
　　　98, 101, 103, 156, 164, 168,
　　　169, 171, 175, 176
卵問題, 133
単純化した問題を解く, 93
チェーンの輪問題, 55, 131
チェッカーボードに含まれる正方形,
　　　25
チキンナゲット問題, 60
チキンマックナゲットの定理, 61
知的推測・検証, 161

ディオファントス方程式, 170
データ整理, 107
データ提示, 107
データを整理する, xii
適切なストラテジーの選択, vi
電卓の無効性と簡単な解法, 7, 16,
　　　38, 62, 69, 94, 105, 124
統計問題, 74
時計問題, 122
凸四角形問題, 42

【ナ行】

二等辺三角形, 66
年齢問題, 41, 153

【ハ行】

配達問題, 81
箱詰め問題, 150
パターン認識, xi, 15
パターン認識のストラテジー, 16, 19
発見的モデル, vi
反復パターン認識, 27
ピサのレオナルド,「フィボナッチ型
　　　数列」を参照
非負の整数, 57, 59, 62, 74, 150, 153,
　　　165, 170
フィボナッチ型数列, 15, 24
フットボールゲーム問題, 68
フリースロー問題, 96, 110
分割問題, 21, 82, 100
分数問題, 39, 57, 61, 176
平均点, 34
平行四辺形問題, 76, 81
平方根問題, 43, 57
平方数問題, 172
べき乗問題, 16, 18, 28
変数と定数, 73
方程式, 5, 7, 9, 13, 35, 44, 45, 47–49,

184 索 引

63, 86, 100, 116, 117, 136,
137, 141, 168, 169

【マ行】

面積問題, 6, 53, 64, 76, 80, 82, 97,
100, 165
網羅的リスト, 145
問題, v
アーチェリー場, 136
握手, viii
円周, 53, 66, 103
円の分割, 21, 100
置物, 141
階乗, 69
回文数, 2, 38
街路図, 23
カエルのジャンプ, 137
確率, 2, 8, 125
数え上げ, 3
完全平方数, 145
幾何, xiii, 6, 42, 53, 64, 76, 83,
109, 119, 156, 165
奇数, 118
逆数, 35
キャンプ, 138
共点, 119
距離, 12, 42, 77, 97, 101
金貨の重さ, 59
組合せ, xiii, 114, 150
計測, 4
桁数, 2, 10, 14, 16, 18, 28, 65,
79, 104, 118, 120, 123, 140,
145, 172
硬貨, 148
五芒星形, 103
混合物, 4
サイコロ, 5, 152

座席配置, 131
三角形, 6, 53, 64, 66, 82, 83, 97,
111, 128
三角形の内接円, 6
算術平均, 74, 96
私書箱, 74
数学試験, 12
正三角形, 97, 128
整数, 57, 65, 70, 93, 98, 114,
123, 157, 171, 176
接線, 155
選挙, 7
速度, 3, 12, 75, 101, 168
測量, 36, 78, 105, 116
素数, 1, 9, 70, 147, 167
ソリッド・ソフトゴムボール,
162
ダーツ, 163
対称性, 49
代数, 44, 46, 48, 62, 64, 93, 97,
98, 101, 103, 156, 164, 168,
169, 171, 175, 176
卵, 133
チェーンの輪, 55, 131
チキンナゲット, 60
統計, 74
時計, 122
凸四角形, 42
年齢, 41, 153
配達, 81
箱詰め, 150
フットボールゲーム, 68
フリースロー, 96, 110
分割, 21, 82, 100
分数, 39, 57, 61, 176
平行四辺形, 76, 81
平方根, 43, 57

平方数, 172
べき乗, 16, 18, 28
面積, 6, 53, 64, 76, 80, 82, 97,
　　100, 165
ユーロ通貨, 62
楊枝で正方形を作る, 30
立方体, 152, 158
Let's Make a Deal, 87
割り切れる割り算, 11
問題を単純化するアプローチ, 93

【ヤ行】

ユーロ通貨問題, 62
楊枝で正方形を作る問題, 30

【ラ行】

立方体問題, 152, 158
Let's Make a Deal 問題, 87
連続した数, xi, 10, 14, 65, 79
労働時間, 133
論理的推論, 1

【ワ行】

割り切れる割り算問題, 11

著者紹介

アルフレッド・S・ポザメンティア（Alfred S. Posamentier）氏は，現在マーシー大学（ニューヨーク州）の教育学部長兼数学教育の教授を務めている．前職はニューヨーク市立大学工科カレッジの特別講師であった．また，40年間勤めたニューヨーク市立大学の数学教育の名誉教授であり，元教育学部長でもある．ポザメンティア氏は，小・中・高等学校の教師・生徒，ならびに一般読者向けの数学の本を執筆しており，著書は共著を含めて55冊を超える．さらには教育評論家として新聞やジャーナルでも活躍している．

　ニューヨーク市立大学ハンター・カレッジで数学の学士号を取得後，セオドア・ルーズベルト・ハイスクール（ニューヨーク州ブロンクス区）の数学教師となり，生徒たちの問題解決スキルの向上を図ることと同時に，従来の教科書の枠を越えて学習指導をさらに充実させることにも力を注いだ．また，6年間の在職期間に，第11，12学年のそれぞれにおいて同校初の数学チームを作り上げた．国内外を問わず今も数学教師および指導主事らとの活動に携わり，彼らが自らの能力を最大限に発揮することができるよう支援している．

　1966年にシティ・カレッジで修士号を取得した後，1970年に同カレッジで教えるようになると，すぐさま中学・高校の数学教師を対象とした現職教員コースの開設に着手した．そのコースには，レクリエーション数学や数学

における問題解決などの特異な分野も含まれた．シティ・カレッジの教育学部長の任にあった 10 年間に，彼はあらゆる教育問題に関心を寄せた．その在任期間中の 2009 年には，彼の尽力により同学部が NCATE（全米教師教育機関認定協議会）から最高の評価を受け，ニューヨーク州のランキング最下位からトップへと躍進した．

ポザメンティア氏は 2014 年にもこのような素晴らしい成果をあげていて，NCATE と CAEP（教育者養成機関認定協議会）が初めて同時に行った認定評価において，マーシー大学の教育学部を，パーフェクトを達成した全米唯一の大学という比類ない地位へと導いた．

1973 年にフォーダム大学（ニューヨーク州）で数学教育の博士号（Ph.D.）を取得し，その後数学教育における彼の名声はヨーロッパにまで及ぶに至った．これまでにオーストリア，イングランド，ドイツ，チェコ共和国，ポーランドの大学で客員教授を務めた経験があり，ウィーン大学へはフルブライト教授として派遣された（1990 年）．

1989 年にサウス・バンク大学（英国ロンドン）の「名誉フェロー」となった．1994 年と 2009 年にシティ・カレッジ同窓会から優れた教育指導を認められ，「年間最優秀教育者」に選ばれた．ニューヨーク市では，彼の栄誉をたたえる日（1994 年 5 月 1 日）が市議会議長によって制定された．1994 年にオーストリア共和国より「大名誉勲章」を授与され，1999 年に，議会の承認を受けて，同共和国の大統領から「オーストリア共和国大学教授」の称号を与えられた．2003 年にウィーン工科大学の「名誉フェロー」の称号を授与され，2004 年に同共和国の大統領から「オーストリア芸術・科学名誉十字勲章（一等）」を授与された．2005 年に「ハンター・カレッジ卒業生の栄誉の殿堂」に入り，2006 年にシティ・カレッジ同窓会から名誉ある「タウンゼンド・ハリス勲章」を受章した．2009 年にニューヨーク州の「数学教育者の栄誉の殿堂」に入り，2010 年にベルリンにて念願の「クリスチャン・ペーター・ボイト賞」を受賞した．

彼は，地元でも数学教育の分野で数々の重要なポストに就きリーダーシップを果たしてきた．ニューヨーク州教育長官直属の数学 A 州統一試験に関するブルーリボン委員会およびニューヨーク州の数学基準の見直しを行った

188　著者紹介

同長官直属の数学基準委員会の委員を務めたほか，ニューヨーク市教育局長
直属の数学諮問委員会の委員も務めた.

　ポザメンティア氏は教育評論の第一人者であり，以下に挙げる最近の著書
を見てもわかるように，教師にも生徒にも一般の人々にも数学はおもしろい
と感じてもらえる方法の探求に長年情熱を注いでいる.

Numbers: Their Tales, Types and Treasures (Prometheus, 2015),

Teaching Secondary Mathematics: Techniques and Enrichment Units, 9th Ed.
　(Pearson, 2015),

Mathematical Curiosities: A Treasure Trove of Unexpected Entertainments (Pro-
　metheus, 2014),

Geometry: Its Elements and Structure (Dover, 2014),

Magnificent Mistakes in Mathematics (Prometheus Books, 2013),

*100 Commonly Asked Questions in Math Class: Answers that Promote Mathe-
　matical Understanding, Grades 6–12* (Corwin, 2013),

What successful Math Teacher Do: Grades 6–12 (Corwin, 2006, 2013),

The Secrets of Triangles: A Mathematical Journey (Prometheus Books, 2012),

The Glorious Golden Ratio (Prometheus Books, 2012),

The Art of Motivating Students for Mathematics Instruction (McGraw-Hill,
　2011),

The Pythagorean Theorem: Its Power and Glory (Prometheus, 2010),

*Mathematical Amazements and Surprises: Fascinating Figures and Noteworthy
　Numbers* (Prometheus, 2009),

*Problem Solving in Mathematics: Grades 3–6: Powerful Strategies to Deepen Un-
　derstanding* (Corwin, 2009),

Problem-Solving Strategies for Efficient and Elegant Solutions, Grades 6–12 (Cor-
　win, 2008),

The Fabulous Fibonacci Numbers (Prometheus Books, 2007),

Progress in Mathematics, K-9 textbook series (Sadlier-Oxford, 2006–2009),

What Successful Math Teacher Do: Grades K-5 (Corwin, 2007),

Exemplary Practices for Secondary Math Teachers (ASCD, 2007),

101+ Great Ideas to Introduce Key Concepts in Mathematics (Corwin, 2006),

π, *A Biography of the World's Most Mysterious Number* (Prometheus Books,
　2004),

Math Wonders: To Inspire Teachers and Students (ASCD, 2003),

Muth Charmers: Tantalizing Tidbits for the Mind (Prometheus Books, 2003).

スティーヴン・クルリック（Stephen Krulik）氏は，フィラデルフィアにあるテンプル大学の数学教育の名誉教授である．同大学在職中は，大学・大学院におけるK-12（幼稚園～高校）の数学教員の養成に加え，大学院レベルで現職数学教員の研修も担当した．彼はさまざまな科目を教えているが，そのうち代表的なものは数学史，数学指導法，問題解決指導である．この最後の科目は，数学の授業で行う問題解決と推論に対する彼の興味が基になって開講されたものだ．もともと彼は推論能力だけでなく問題解決の美しさと価値を生徒が理解することに関心があったことから，問題解決そのものに興味を持つようになった．

クルリック氏は，ニューヨーク市立大学ブルックリン・カレッジで学士号を取得し，コロンビア大学ティーチャーズ・カレッジで数学教育の修士号および博士号（Ed.D.）を取得した．テンプル大学に移る前はニューヨーク市のパブリックスクールで15年間数学を教えており，特にブルックリンのラファイエット・ハイスクールでは，アルゴリズムの丸暗記ではなく，問題解決の技法に重点を置きながら，SAT試験に向けた準備のための科目を創設・実施した．

彼はNCTM（全米数学教師評議会）の *Professional Standards for Teaching Mathematics* 策定委員会メンバーを務めている．過去にはNCTMの1989年報 *Problem Solving in School Mathematics* の編集も担当した．一方，地域レベルでは，ニュージャージー州数学教師協会の会長，同協会が1993年に発行した *The New Jersey Calculator Handbook* の編集チームメンバー，および1997年発行のモノグラフ *Tomorrow's Lessons* の編集者を務めた．

クルリック氏の専門は，主に問題解決と推論の指導，数学教材，ならびに数学における総合評価といった分野である．数学教師向けに書かれた彼の著書は，*Roads to Reasoning*（第1～8学年）や *Problem Driven Math*（第3～8学年）など，共著を含めて30冊を超える．彼は基礎テキストシリーズの問題解決分野の統括著者でもあり，数学教育の専門誌にもたびたび投稿してい

る．米国・カナダの各地で学区の顧問を務め，数々のワークショップを実施してきただけでなく，ウィーン（オーストリア），ブタペスト（ハンガリー），アデレード（オーストリア），サンファン（プエルトリコ）でもプレゼンテーションを行ってきた．国内外の専門会議での講演依頼も多い．講演では，すべての生徒が数学の授業に限らず実生活でも推論したり問題解決したりできるようにするための指導に焦点を当てて話をしている．

2007年にテンプル大学から優秀教員賞を授与され，2011年にNCTMから数学教育への功労に対する生涯功績賞を贈られた．

【訳者紹介】

桐木由美（きりき ゆみ）

1999 年　上智大学大学院文学研究科英米文学専攻博士前期課程修了
現　在　翻訳家
　　　　主に実務翻訳に携わり，手がけた分野は情報通信技術，行政・国際協力関連，環境，法務，金融，医療，その他多岐にわたる

【監訳者紹介】

桐木　紳（きりき しん）

東京電機大学理工学部数理学科講師，京都教育大学教育学部数学科教授を経て
現　在　東海大学理学部数学科教授，博士（理学）
専　門　力学系
著訳書　『Hirsch・Smale・Devaney 力学系入門 原著第 3 版』（共訳，共立出版，2017）
論　文　"Takens' last problem and existence of non-trivial wandering domains"（共著，Adv. Math. 306, 524–588, 2017）その他多数

数学の問題を うまく きれいに解く秘訣	著　者	Alfred S. Posamentier Stephen Krulik
（原題：*Problem-Solving Strategies in Mathematics: From Common Approaches to Exemplary Strategies*）	訳　者	桐木由美
	監訳者	桐木　紳
	発行者	南條光章
2017 年 9 月 25 日　初版 1 刷発行 2018 年 9 月 15 日　初版 2 刷発行	発行所	**共立出版株式会社** 〒112-0006 東京都文京区小日向 4-6-19 電話番号 03-3947-2511（代表） 振替口座 00110-2-57035 URL http://www.kyoritsu-pub.co.jp/
	印　刷	啓文堂
	製　本	ブロケード
検印廃止 NDC 410		一般社団法人 自然科学書協会 会員
ISBN 978-4-320-11321-3	Printed in Japan	

© 2017

JCOPY ＜出版者著作権管理機構委託出版物＞
本書の無断複製は著作権法上での例外を除き禁じられています．複製される場合は，そのつど事前に，出版者著作権管理機構（ＴＥＬ：03-3513-6969，ＦＡＸ：03-3513-6979，e-mail：info@jcopy.or.jp）の許諾を得てください．

新井仁之・小林俊行・斎藤　毅・吉田朋広　編

「数学探検」「数学の魅力」「数学の輝き」
の三部構成からなる新講座創刊！

共立講座

数学の基礎から最先端の研究分野まで
現時点での数学の諸相を提供！！

数学探検 全18巻

数学を自由に探検しよう！

1 微分積分
吉田伸生著････496頁・本体2400円

2 線形代数
戸瀬信之著･･･････････続刊

3 論理・集合・数学語
石川剛郎著････206頁・本体2300円

4 複素数入門
野口潤次郎著･･160頁・本体2300円

5 代数入門
梶原 健著･･･････････続刊

6 初等整数論 数論幾何への誘い
山崎隆雄著････252頁・本体2500円

7 結晶群
河野俊丈著････204頁・本体2500円

8 曲線・曲面の微分幾何
田崎博之著････180頁・本体2500円

9 連続群と対称空間
河添 健著･･･････････続刊

10 結び目の理論
河内明夫著････240頁・本体2500円

11 曲面のトポロジー
橋本義武著･･･････････続刊

12 ベクトル解析
加須榮篤著･･･････････続刊

13 複素関数入門
相川弘明著････260頁・本体2500円

14 位相空間
松尾 厚著･･･････････続刊

15 常微分方程式の解法
荒井 迅著･･･････････続刊

16 偏微分方程式の解法
石村直之著･･･････････続刊

17 数値解析
齊藤宣一著････212頁・本体2500円

18 データの科学
山口和範・渡辺美智子著････続刊

数学の魅力 全14巻 別巻1

確かな力を身につけよう！

1 代数の基礎
清水勇二著･･･････････続刊

2 多様体入門
森田茂之著･･･････････続刊

3 現代解析学の基礎
杉本 充著･･･････････続刊

4 確率論
髙信 敏著････320頁・本体3200円

5 層とホモロジー代数
志甫 淳著････394頁・本体4000円

6 リーマン幾何入門
塚田和美著･･･････････続刊

7 位相幾何
逆井卓也著･･･････････続刊

8 リー群とさまざまな幾何
宮岡礼子著･･･････････続刊

9 関数解析とその応用
新井仁之著･･･････････続刊

10 マルチンゲール
高岡浩一郎著･････････続刊

11 現代数理統計学の基礎
久保川達也著････324頁・本体3200円

12 線形代数による多変量解析
柳原宏和・山村麻理子他著・･･続刊

13 数理論理学と計算可能性理論
田中一之著･･･････････続刊

14 中等教育の数学
岡本和夫著･･･････････続刊

別 「激動の20世紀数学」を語る
猪狩 惺・小野 孝他著･･･続刊

「数学探検」各巻：A5判・並製
「数学の魅力」各巻：A5判・上製
「数学の輝き」各巻：A5判・上製

※続刊の書名、執筆者、価格は
変更される場合がございます
（税別本体価格）

数学の輝き 全40巻 予定

専門分野の醍醐味を味わおう！

1 数理医学入門
鈴木 貴著････270頁・本体4000円

2 リーマン面と代数曲線
今野一宏著････266頁・本体4000円

3 スペクトル幾何
浦川 肇著････350頁・本体4300円

4 結び目の不変量
大槻知忠著････288頁・本体4000円

5 K3曲面
金銅誠之著････240頁・本体4000円

6 素数とゼータ関数
小山信也著････300頁・本体4000円

7 確率微分方程式
谷口説男著････236頁・本体4000円

8 粘性解 比較原理を中心に
小池茂昭著････216頁・本体4000円

**9 3次元リッチフローと
幾何学的トポロジー**
戸田正人著････328頁・本体4500円

10 保型関数 古典理論と
その現代的応用
志賀弘典著････288頁・本体4300円

11 D加群
竹内 潔著････324頁・本体4500円

●主な続刊テーマ●

岩澤理論･･･････････････尾﨑 学著
楕円曲線の数論･･･････････小林真一著
ディオファントス問題･･･････平田典子著
保型形式と保型表現･･･････池田 保他著
可換環とスキーム･･･････････小林正典著
有限単純群･･･････････････北詰正顕著
代数群･･･････････････････庄司俊明著
カッツ・ムーディ代数とその表現
　　　　　　　　　　　　　　　山田裕史著
リー環の表現論とヘッケ環 加藤 周他著
リー群のユニタリ表現論･･･小林 武著
対称空間の幾何学･････田中真紀子他著
非可換微分幾何学の基礎 前田吉昭他著
シンプレクティック幾何入門 高倉 樹著
力学系･･･････････････････林 修平著
多変数複素解析････････････辻 元著

※本二講座の詳細情報を共立出版公式サイト
「特設ページ」にて公開・更新しています。

共立出版

http://www.kyoritsu-pub.co.jp/
https://www.facebook.com/kyoritsu.pub